藏北草地生态服务功能与生态安全评价

徐　瑶　陈　涛　著

U0221340

科学出版社

北　京

内 容 简 介

生态服务功能与生态安全是当前生态领域研究的热点和前沿课题。本书利用"3S"技术和相关数学方法,分析藏北草地退化的时空变化特点,讨论研究区草地退化变化所引起的区域生态服务功能与价值变化规律;利用改进的生态足迹模型,分析研究区生态安全变化状况,对研究区生态安全进行评价和预警;运用相关数学模型,分析生态足迹及生态承载力两方面的变化原因,提出草地退化的防治对策及治理措施。

本书可供从事地理、草地、遥感、生态、环境、农牧业及相关领域人员阅读和使用。

图书在版编目(CIP)数据

藏北草地生态服务功能与生态安全评价/徐瑶,陈涛著.—北京:科学出版社,2016.11

ISBN 978-7-03-050510-1

Ⅰ.①藏… Ⅱ.①徐… ②陈… Ⅲ.①草地-生态系统-服务功能-评价-藏北地区 ②草地-生态安全-安全评价-藏北地区 Ⅳ.①S812.29

中国版本图书馆 CIP 数据核字(2016)第 267745 号

责任编辑:张颖兵 杨光华/责任校对:邵 娜
责任印制:彭 超/封面设计:苏 波

科 学 出 版 社 出版

北京东黄城根北街 16 号
邮政编码:100717
http://www.sciencep.com

武汉中远印务有限公司印刷

科学出版社发行 各地新华书店经销

*

开本:787×1092 1/16
2016 年 11 月第 一 版 印张:11 1/2
2016 年 11 月第一次印刷 字数:291 000

定价:80.00 元
(如有印装质量问题,我社负责调换)

前　言

　　草地是世界上广泛分布的植被类型之一,面积约为 34.8×10^8 hm²,占陆地总面积的 20% 左右,是陆地生态系统的重要组成部分。草地生态系统是维持自然生态系统格局、保护生态安全、开展畜牧业生产和传承草原文化的基础。它具有提供产品、固定 CO_2、释放 O_2、维持营养物质循环、净化环境、控制土壤侵蚀、涵养水源、防风固沙、维持生物多样性等功能。我国拥有天然草地近 4×10^8 hm²,占国土总面积的 40% 左右,其中可利用草地面积为 3.3×10^8 hm²。这些草地资源是我国面积最大的陆地生态系统和重要的生态安全屏障,对发展区域经济、维系我国生态系统良性发展具有重要意义。

　　长期以来,人类在草地资源的利用和改造过程中,只注重草地给人类提供的直接消费价值,忽略了草地生态系统的生态功能服务效益价值,从而损害了草地生态系统服务功能和生态系统健康,致使人类社会的可持续发展受到威胁。近年来,随着社会经济的发展,生态系统服务功能的研究引起了人们的广泛关注,探讨生态系统服务功能价值的内涵,以合适的方式核算生态资源,已成为国内外生态学、经济学领域研究的热点问题。对区域生态系统服务功能的探讨促使将自然资本服务价值的评估纳入国民经济核算体系,促进自然资源开发的合理决策,避免损害生态系统的短期经济行为,有利于生态系统的保护,并最终有利于人类自身的可持续发展。

　　藏北高原地处青藏高原腹地,总面积为 3.9×10^5 km²,平均海拔在 4 500 m 以上,面积大约占西藏自治区总面积的三分之一,是我国高寒草地分布面积最大的地区,是维护西藏乃至全国生态安全的重要绿色生态屏障和基因库。区内气候寒冷、牧草生长期短,草层低矮,产草量低,草原类型以高寒草原为主,生态系统极度脆弱。随着人口快速增长,物质需求不断增加,人草畜矛盾日益突出,草原超载严重,藏北草原出现不同程度退化,虽然实行了退牧还草、以草定畜等草原保护建设工程,在一定程度上改善了草原生态环境,但草原生态"局部改善,总体恶化"的趋势仍未根本扭转,对牧民生活和国家生态安全构成了严重威胁。草地退化不仅直接威胁到当地的畜牧业生产和我国的生态屏障安全,而且严重影响着藏北草地生态系统的可持续发展。开展保护藏北草地生态环境的研究与实践工作,加强对草地退化状况的动态监测,认真评估藏北高原草地退化带来的生态系统服务功能价值损失,进行生态安全评价,提高人们的生态保护意识,建立有效的生态补偿机制与生态保护措施对于遏制草地退化,保护草地生态服务功能,实现人口、资源与社会经济的协调发展具有重要意义。

本书属于草业科学、地理科学、生态学、遥感科学等多学科交叉研究领域,研究侧重于草地生态服务功能与生态安全评价方法的探讨。例如,利用遥感技术获取草地退化的动态数据,利用混合像元法构建基于植被指数的草地退化遥感监测模型,利用 GIS 技术和改进的生态足迹模型进行生态安全评价。这些研究方法新颖、符合实际,且可操作性强,体现了"3S"技术在生态学研究领域的重要应用,充分发挥了多学科的交叉优势,为探究藏北草地退化和生态安全研究提供了全新的视角和新的技术支撑。

全书共分 7 章。第 1 章分析草地退化生态服务功能及生态安全研究的背景及意义、国内外研究进展、草地退化遥感监测的理论基础和生态系统服务与生态安全的内涵;第 2 章介绍研究区自然和社会发展概况,重点分析研究区的草地退化状况;第 3 章利用"3S"技术和混合像元法反演草地退化动态变化;第 4 章运用生态系统服务功能计算方法从 8 个方面分析研究区 20 年间草地生态系统服务功能价值的变化;第 5 章运用"3S"技术和改进生态足迹模型对研究区的生态安全进行评价;第 6 章运用灰色预测模型中的 GM(1,1)模型对研究区的生态安全进行预警分析;第 7 章运用相关数学模型分析研究区生态足迹及生态承载力两方面的变化原因,针对藏北草地生态服务功能与生态安全动态变化的状况,结合影响其变化的主要原因,提出草地退化的防治对策及治理措施。

本书是在西藏自治区科学技术厅科技支撑计划项目的资助下由徐瑶、陈涛共同完成。陈涛负责第 2 章和第 3 章部分数据的收集及第 4 章的撰写工作。徐瑶负责其余章节的撰写和全书的策划、校对等工作。项目在完成过程中得到了成都理工大学何政伟、杨武年教授的指导,在野外调查中得到了西藏自治区生态环境地质研究所的陈凌康、朱进守、陈建勋,成都理工大学赵银兵、邓辉、仇文霞的帮助和配合,在此一并深表感谢!

由于作者水平有限,书中难免有不妥之处,恳请广大读者批评指正。

作者

2017 年 3 月

目　　录

第1章　绪论……………………………………………………………… 1

1.1　问题的提出 ……………………………………………………… 1

1.2　研究意义 ………………………………………………………… 2

  1.2.1　维护生态安全的需求 ……………………………………… 2

  1.2.2　西部大开发的需求 ………………………………………… 3

  1.2.3　加强民族团结、推动边疆稳定的需要 …………………… 3

  1.2.4　藏北牧民生存和发展的迫切需要 ………………………… 4

1.3　草地退化及遥感监测概述 ……………………………………… 4

  1.3.1　草地及草地退化 …………………………………………… 4

  1.3.2　草地退化遥感监测的理论基础 …………………………… 5

  1.3.3　遥感技术在草地研究中的应用综述 ……………………… 7

1.4　生态系统服务功能概述 ………………………………………… 11

  1.4.1　生态系统服务功能概念 …………………………………… 11

  1.4.2　生态系统服务功能的内容 ………………………………… 12

  1.4.3　生态系统服务功能类型划分 ……………………………… 14

  1.4.4　生态系统服务功能价值评估方法 ………………………… 16

  1.4.5　生态系统服务功能相关研究进展 ………………………… 20

1.5　生态安全研究的理论与方法 …………………………………… 25

  1.5.1　生态安全的概念 …………………………………………… 25

  1.5.2　生态安全评价方法 ………………………………………… 26

  1.5.3　国内外研究进展 …………………………………………… 28

  1.5.4　生态安全预警研究 ………………………………………… 37

参考文献 ………………………………………………………………… 38

第 2 章 研究区概况 ……………………………………………………… 47
2.1 研究区自然概况 …………………………………………………… 47
2.1.1 地理位置 ……………………………………………………… 47
2.1.2 地形与地貌 …………………………………………………… 47
2.1.3 气候特征 ……………………………………………………… 48
2.1.4 水文特征 ……………………………………………………… 49
2.1.5 土壤类型 ……………………………………………………… 49
2.1.6 草地植被类型 ………………………………………………… 50
2.2 社会经济发展概况 ………………………………………………… 51
2.3 草地退化状况 ……………………………………………………… 51
2.3.1 毒草、杂草危害 ……………………………………………… 53
2.3.2 土壤贫瘠状况 ………………………………………………… 56
2.3.3 鼠害及病虫害破坏 …………………………………………… 60
2.3.4 地质灾害破坏 ………………………………………………… 62
2.3.5 大风的破坏 …………………………………………………… 62
2.3.6 矿产开发活动的影响 ………………………………………… 63
参考文献 …………………………………………………………………… 63

第 3 章 草地退化动态分析 ……………………………………………… 65
3.1 植被遥感原理 ……………………………………………………… 65
3.2 遥感数据的选取 …………………………………………………… 67
3.3 遥感影像预处理 …………………………………………………… 69
3.3.1 波段组合与选择 ……………………………………………… 70
3.3.2 正射校正 ……………………………………………………… 70
3.3.3 图像镶嵌、裁剪 ……………………………………………… 71
3.3.4 建立解译标志 ………………………………………………… 71
3.4 草地退化监测 ……………………………………………………… 72
3.4.1 植被覆盖度提取技术路线 …………………………………… 72
3.4.2 植被覆盖度信息提取 ………………………………………… 73
3.4.3 研究区草地退化的时空变化趋势 …………………………… 75
参考文献 …………………………………………………………………… 78

第 4 章 草地生态服务功能价值损失评估 ……………………………… 81
4.1 草地生态系统的特点 ……………………………………………… 81
4.1.1 脆弱性 ………………………………………………………… 82
4.1.2 不稳定性 ……………………………………………………… 82

4.1.3　强地域性 ……………………………………………………… 82

4.1.4　可更新性和不可更新性 …………………………………… 83

4.2　草地生态服务功能类型 …………………………………………… 83

4.2.1　物质生产功能 ………………………………………………… 83

4.2.2　调节功能 ……………………………………………………… 83

4.2.3　文化功能 ……………………………………………………… 87

4.2.4　生命支持功能 ………………………………………………… 87

4.3　草地生态服务功能价值估算 ……………………………………… 89

4.3.1　提供生物量价值 ……………………………………………… 89

4.3.2　碳蓄积和氧释放价值 ………………………………………… 90

4.3.3　营养物质循环价值 …………………………………………… 93

4.3.4　环境污染净化价值 …………………………………………… 94

4.3.5　土壤侵蚀控制价值 …………………………………………… 95

4.3.6　涵养水源价值 ………………………………………………… 98

4.3.7　防风固沙价值 ………………………………………………… 98

4.3.8　维持生物多样性价值 ………………………………………… 99

4.4　草地生态服务功能价值损失分析 ………………………………… 100

参考文献 …………………………………………………………………… 101

第5章　生态安全评价 …………………………………………………… 105

5.1　生态足迹的理论基础 ……………………………………………… 105

5.1.1　人地系统理论 ………………………………………………… 105

5.1.2　环境承载力理论 ……………………………………………… 106

5.1.3　生态经济学理论 ……………………………………………… 106

5.1.4　可持续发展理论 ……………………………………………… 106

5.1.5　协调发展理论 ………………………………………………… 107

5.2　生态足迹的概念及内涵 …………………………………………… 107

5.3　生态足迹的研究方法 ……………………………………………… 108

5.3.1　计算前提 ……………………………………………………… 108

5.3.2　相关概念 ……………………………………………………… 109

5.3.3　计算过程 ……………………………………………………… 110

5.4　基于传统生态足迹方法的生态安全评价 ………………………… 112

5.4.1　基于传统生态足迹方法的计算 ……………………………… 112

5.4.2　生态安全评价 ………………………………………………… 116

5.5　基于"3S"技术和改进生态足迹模型的生态安全评价 ………… 117

5.5.1　生态足迹模型改进的基本思路 ……………………………… 117

  5.5.2 草地生产性生态足迹模型的建立 ·· 118

  5.5.3 计算过程的改进 ··· 119

  5.5.4 基于改进模型的计算结果 ·· 119

 5.6 生态安全空间分析 ··· 127

 5.7 改进生态足迹模型与传统模型的比较 ·· 129

 参考文献 ··· 132

第6章 生态安全预警 ··· 135

 6.1 生态安全预警概述 ··· 135

  6.1.1 预警内容 ··· 136

  6.1.2 预警的警报准则 ·· 137

  6.1.3 预警方法 ··· 138

 6.2 灰色预测模型 ··· 139

  6.2.1 GM(1,1)模型的基本原理 ·· 139

  6.2.2 GM(1,1)模型的检验 ··· 142

  6.2.3 GM(1,1)模型的适用范围 ·· 144

 6.3 指标预测 ··· 144

  6.3.1 人口预测 ··· 144

  6.3.2 目标年人口预测 ·· 146

  6.3.3 生物资源及生态足迹预测 ·· 146

 6.4 预警分析 ··· 148

  6.4.1 警度的确定 ·· 148

  6.4.2 预警结果分析 ··· 148

 参考文献 ··· 149

第7章 生态安全的影响因素及对策分析 ·· 151

 7.1 生态足迹主要影响因素判定 ··· 151

  7.1.1 STIRPAT模型构建 ·· 151

  7.1.2 因子筛选 ··· 152

  7.1.3 偏最小二乘回归分析 ·· 153

 7.2 生态足迹主要社会经济影响因素分析 ··· 155

  7.2.1 人口增加、经济发展是生态足迹增加的主要原因 ··························· 155

  7.2.2 草地资源利用强度的增加是生态足迹增加的直接原因 ···················· 155

  7.2.3 产业结构调整是影响生态足迹的重要因素 ···································· 156

 7.3 生态承载力主要影响因素评价 ·· 156

  7.3.1 分析方法 ··· 156

　　7.3.2　结果分析 ·· 158

7.4　生态承载力主要影响因素分析 ·· 160

　　7.4.1　草地退化是区域生态承载力持续减少的根本原因 ···················· 160

　　7.4.2　人口增加是区域生态承载力不断减少的主要原因 ···················· 163

　　7.4.3　草地保护工作的加强是区域自然生态承载力下降速度变慢的重要因素 ······ 164

7.5　草地退化防止对策及治理措施 ·· 164

　　7.5.1　退化草地的防止对策 ··· 165

　　7.5.2　草地退化治理措施 ·· 169

参考文献 ·· 171

第 1 章 绪 论

1.1 问题的提出

自然生态系统是人类赖以生存繁衍的基础。它不仅为人类提供了大量的食品、医药及其他生产生活原料,而且在维系生命支持系统和环境动态平衡方面起着重要作用。人类所需的一切资源和环境条件,除了各种食物、药材、工农业生产用品等直接的实物型生态产品外,生态系统还向人类提供了更多非实物型的生态服务。人类在地球生态系统中既是自然的组成部分,受到自然的制约,同时又对自然生态系统产生深刻的影响。随着世界人口的快速增加及人类经济活动强度和规模的持续加大,人类经济活动对地球生态系统的影响达到了前所未有的程度,已直接或间接威胁到人类生存环境和地球生物多样性。

草地资源是人类重要的生存基础,它不仅为人类提供了大量植物性和动物性原材料,而且在防风固沙、涵养水源、保持水土、净化空气等方面起着极为重要的作用。我国拥有天然草地近 4×10^8 hm²,是我国面积最大的陆地生态系统和重要的生态安全屏障,对发展区域经济、维系我国生态系统良性发展具有重要意义。

草地生态功能的破坏会直接影响人类生存环境,威胁人类可持续发展。长期以来,草地生态功能和综合价值未受重视,超载放牧、毁草开矿等破坏行为使草地植被退化、草地生物量锐减、草地土壤肥力减退、草地水土流失不断发展,草地沙化、盐碱化现象频繁发生。《2006年全国草原监测报告》显示,全国90%的草原存在不同程度的退化、沙化、盐渍化和石漠化,退化、沙化草原主要分布在北方干旱、半干旱草原区和青藏高原草原区。《2011年全国草原监测报告》显示,全国重点天然草原的牲畜超载率为 30%;全国 264 个牧区、半牧区县(旗)天然草原的牲畜超载率为 44%,其中,牧区牲畜超载率为 42%,半牧区牲畜超载率为 47%;草原虫害危害面积为 1 765.8×10⁴ hm²,占全国草原总面积的 4.4%。虽然近年来国家投入了大量的物力、人力和财力去保护草原,部分草原生态环境得到了恢复,但整体退化速度远远大于恢复速度,草原退化、沙化、盐渍化面积仍在不断扩大,自然和人为毁坏草原的现象时常发生,草原生物多样性遭到破坏,草原灾害频繁发生,已成为制约草原牧区持续发展的主要障碍。

西藏是我国传统五大牧区之一,有天然草地 12.31 亿亩①,约占全国天然草地面积的 21%。藏北地区草原面积达 6 亿多亩,是西藏面积最大的草原分布区,也是西藏最主要的纯牧区。

高亢的地形和辽阔的高原面,使藏北地区成为东亚季风气候的启动器和全球气候的重要调节器,作为我国和南亚地区众多大河巨川的发源地,发挥着"江河源"和"生态源"的作用(钟祥浩等,2008)。青藏高原自然生态系统的优劣直接关系到西藏乃至全国人民的安危冷暖,维护好西藏生态环境对实施全国和西藏的可持续发展战略具有十分重要的意义。

藏北高原草地是全球独特的高寒生物物种资源库,藏北高原是西藏主要的畜牧产地,处于羌塘保护区核心地带,栖居着 20 多种珍稀动物和近 200 种青藏高原独有植物,是高原动植物分布最为集中、生物多样性最为独特的区域,而且也是世界中、低纬度多年冻土最为发育的地区和西藏畜牧业发展的核心区域(蔡晓布等,2007)。

近年来,由于全球气候变化和人类活动影响,藏北高原极为脆弱的高寒草地生态系统已遭到不同程度的干扰和破坏,草地沙化、盐碱化、黑土滩化、植被稀疏、毒杂草化等特征的各种草地退化现象不断出现,草地退化面积和年均退化速率分别达 48.8% 和 2.5%(胡自治,2000)。全面分析藏北地区草地退化的时空特征并进行生态安全评价,充分认识藏北草地资源的生态安全状况,从而有针对性地对草地资源生态安全问题采取措施,以维持草地生态系统的完整性和稳定性,维持草地生态的健康与服务功能的可持续性、协调区域人地关系、保证区域经济社会可持续发展具有重要的实践意义。

1.2　研究意义

1.2.1　维护生态安全的需求

西藏作为青藏高原的主体,有着独特的中低纬度的高寒环境,它是东半球气候的启动器,是中国乃至世界气候的重要调节器(钟祥浩等,2008)。科学研究表明,作为热源,青藏

---

①　1 亩≈666.67 m²。

高原的辐射气流可以影响亚洲东部,甚至到达北美洲,进而影响它们的环境与气候。高原的存在增强了东部太平洋的夏季风,丰富的雨量运送到我国东部森林地带,长驱直上到达我国东北部,使我国东北部与远东的温带针阔叶混交林发育茂盛。青藏高原是一道生态屏障,如果没有这个高大的生态防卫战士,中国南方的大部分地区将是一片沙海。1990 年海湾战争期间,这道屏障隔离油井燃烧后释放出的大量粉尘,保护了我国人口稠密区。高原的植被可以吸收太阳辐射,防止全球气候变暖。青藏高原还是中国和南亚地区的"江河源"和"生态源"。青藏高原又被誉为"固体水库",是我国乃至亚洲许多江河的发源地和上游,高原冰川雪水养育了我国的长江、黄河、雅鲁藏布江,以及南亚的恒河、印度河、萨尔温江等大江大河。青藏高原自然生态系统的优劣直接关系到西藏乃至亚洲人民的安危冷暖。

藏北高原地处青藏高原腹地,总面积为 3.9×10^5 km²,平均海拔在 4 500 m 以上,面积大致占西藏自治区总面积的三分之一,是我国乃至世界高寒草地分布面积最大的地区,是维护西藏乃至全国生态安全的重要绿色生态屏障,是我国重要的绿色基因库。在人类活动和全球气候变化的影响下,高寒草地严重退化,农业生态环境不断恶化,不仅影响到西藏自治区的社会经济发展,并且对国家生态安全构成威胁。加强藏北草原治理,维护良好的草原生态环境,充分发挥西藏草原重要的生态经济功能,不仅对维护西藏自治区自身的生态安全,而且对维护全国,乃至整个东南亚和全球的生态安全,都具有十分重要的意义。

1.2.2　西部大开发的需求

西藏地区是中国西部具有极为重要的政治、社会、军事和生态地位的地区,由于自然地理条件的严酷和经济发展的极端落后,人民生活普遍贫困,仍然是我国经济实力最薄弱的地区。加之人们对青藏高原的环境价值缺乏深远的认识,在发展社会经济、扩大生产规模的过程中,因人类不合理行为在一定程度上导致了对高原自然资源盲目的、不合理的开发利用,致使本来就十分脆弱且极不稳定的高原环境承受着越来越大的压力,呈现出逐步恶化的趋势,例如,雪线上升、冰川退缩、水源枯竭、湖泊干涸、植被锐减、草地沙化、水土流失及泥石流加剧,后果令人忧虑。据有关资料记载,由于过度放牧、超载放养,西藏自治区已有 50% 左右的草地退化,还有约 30% 的草地明显沙化。

西藏是实施西部大开发战略的重点区域,其生态建设和环境保护是西部大开发的重要内容。只有大力改善生态环境,西藏丰富的自然资源才能得到很好的开发和利用,也才能改善投资环境,引进资金、技术和人才,加快西藏发展步伐。在保护和建设生态环境的同时,提高当地农牧民的经济收入,成为西部大开发的主旋律。

1.2.3　加强民族团结、推动边疆稳定的需要

藏北地区有着漫长的边境线,是我国国防安全的重要屏障。其稳定与发展关系到我

国西南边疆的国防安全。藏北地区是藏族人口的聚居地。长期以来,藏北牧民世世代代在辽阔的草地居住、生存、繁衍,创造了灿烂的民族文化,发展了地区经济,对我国民族大家庭的稳定、繁荣与发展发挥了重要作用。然而受"草原-畜牧"定式思维的影响,一味向草原索取,忽略了草地本身的承载力及藏北高原草地的脆弱性和环境的严酷性,超载过牧、毁草开荒、乱开滥采等一系列破坏性行为,不仅使草原丧失了生态功能,而且经济功能也逐渐枯竭,草原生态系统处于崩溃的边缘,给人类生活和生产造成了巨大影响。生态环境破坏很可能引起区域的贫富悬殊,转化为民族问题,影响民族团结和国家稳定。应该把区域的环境问题纳入国家边疆安全、反民族分裂斗争、维护民族团结的总体战略格局,使国家与区域的发展更趋于协调和紧密。

1.2.4　藏北牧民生存和发展的迫切需要

长期以来,草地资源是藏北少数民族赖以生存和发展的物质基础。食草家畜及其肉、奶、皮、毛等畜产品不仅是他们主要的生活资料,而且也是他们生产经营的主要对象和经济来源。草地畜牧业生产已成为当地一个独立产业部门。几十年来藏北畜牧业产值一直是当地的主要收入,有些以草地畜牧业为主的县,畜牧业产值占农业总产值的80%以上。这类地区地处边远,交通不便,科技文化落后,信息闭塞,第二、第三产业基础薄弱,长期以来单纯依靠出售畜产品维持低水平再生产,生产生活条件简陋。虽然多年来国家的扶贫政策与投入对改善这些地区的面貌取得了很大成效,但尚未从根本上改善生产和生活条件,只能维持基本生存和简单再生产,经济仍然十分落后,贫困现象普遍存在。

由于受超载过牧、投入不足等因素的影响,西藏草原正面临着生态退化和生产能力下降的严峻考验,严重影响了藏北经济社会的可持续发展。要彻底消除这些地区的贫困现象,改变落后面貌,促进经济持续、健康的发展,最根本的还是从保护、建设、合理开发利用草地资源,改善生产和生活条件,多渠道创造收入、提高生活水平入手,实现民族地区经济社会的可持续发展。

1.3　草地退化及遥感监测概述

1.3.1　草地及草地退化

关于草地的概念,学术界有不同的认识和定义。英国 Davis 于 1960 年第八届国际草地学术会议上提出:草地一词应该包括各种类型的牧场,特点是将禾本科、豆科牧草和其他植物结合在一起,以供放牧之用。在这个定义范围内,草地指的是环境,而草是反刍动物赖以生存的牧草,实际上是指草、土和畜的概念。苏联德米特里耶夫偏重于农业经营范畴,认为"凡是生长或栽种牧草的土地无论生长牧草株本之高低,亦无论所生长牧草为单纯种或混生多种牧草皆谓之草地"。美国 Stoddart,Box 和 Smith 认为"草地是低而多变的降水、地形崎岖、排水不良或低温,不易耕种,而作为当地野生动物和家畜饲料基地,同时可以作为林产、水及原生动物来源的地区"。

王栋(1955)将草原与草地在定义上予以区分,认为草原是指"凡因风土等自然条件较为恶劣或其他缘故,在自然情况下,不宜于耕种农作,不适于生长树木,或树木稀疏而以生长草类为主,只适于经营畜牧的广大地区"。而草地的定义与苏联德米特里耶夫的定义相同。任继周教授在 20 世纪 60 年代出版的《草原学》一书中,将草原定义为"大面积的天然植物群落所着生的陆地部分,这些地区所产生的饲用植物,可以直接用来放牧或刈割后饲养牲畜"。专家贾慎修教授在 20 世纪 80 年代出版的《草地学》一书中认为"草地是草和其着生的土地构成的综合自然体,土地是环境,草是构成草地的主体,也是人类经营利用的对象"。

随着人类社会的不断进步和草地科学的发展,人们对草地的认识也在加深,草地一词的概念也有所发展。目前国际上通常将草地定义为一种具有特殊植被和气候的土地类型(Heady et al.,1984)。20 世纪 90 年代以来,自然灾害的频繁出现,使人们逐渐认识到草地具有防风固沙、涵养水源、保持水土、净化空气和维护生物多样性的重要功能。由此认为,草地是一种土地类型,它是草本和木本饲用植物与其着生的土地构成的具有多种功能的自然综合体。

草地退化是荒漠化的一种。联合国在 1994 年签署的防治荒漠化公约中,把荒漠化定义为气候变化和人为活动导致的干旱、半干旱和偏干亚湿润地区的土地退化,表现为农田、草原、森林的生物生产力和多样性的下降或丧失,包括土壤物质的流失和理化性状的变劣,以及自然植被的长期丧失。从荒漠化的定义中可以看出,草地退化是指土地物理因子和生物因子的改变所导致的生产力、经济潜力、服务性能和健康状况的下降或丧失。在我国西北干旱风沙地区,草地退化是由自然因素和人为因素造成的土壤旱化和植被破坏所致。荒漠化与草原退化互为因果,在干旱地区,草原长期无休止退化的结果就是荒漠化,直至变为沙漠(李建龙等,1998)。

1.3.2　草地退化遥感监测的理论基础

草地资源是畜牧业生产基地,是我国牧区、半牧区人们赖以生存的物质基础。为了维护草地生态系统平衡,遏制草原退化的趋势,确保畜牧业生产与草原生态平衡发展,必须实时、实地监测草地资源的动态变化,把握草地资源的时空分布格局及动态变化情况,以便寻求草地资源合理利用和草地保护建设的途径和措施,以维持草地资源的可持续利用。若按照常规的野外实地采样调查方法对草地退化进行监测及研究很难开展,且成本昂贵,耗时耗力,时效性差,不能满足现势调查研究。遥感技术以其快速、宏观、丰富的信息,成本低廉等特点已被引入青藏高原草地生态系统研究中。以遥感手段监测草原现状与动态具有客观性与科学性、宏观性与综合性、时效性与动态性、经济性与实用性等方面的优势,在草地监测中得到了广泛应用。

遥感(remote sensing)是 20 世纪 60 年代初在现代物理学(包括光学技术、红外技术、微波雷达技术、激光技术和信息技术等)、电子计算机技术、数学方法和地球科学理论的基础上发展起来的一门新兴的、综合性的边缘学科。遥感指从远处探测、感知物体或事物的技术,即遥远感知事物的客观存在,不直接接触物体或事物本身,通过利用远离地面的工作平台(如飞机、宇宙飞船、人造地球卫星等)上搭载的仪器(传感器)探测和接收来自目标物体的信息(如电场、磁场、电磁波、地震波等信息),经过信息的传输及其处理分析,识别物体的属性及其分布等特征的技术。遥感技术的特点如下。

(1)可测量范围大,具有综合、宏观的特点。运用遥感技术从飞机或卫星上获得的地面航空像片或卫星图像,比地面上观察的视域范围要大得多,又不受地形地物阻隔的影响,为宏观研究地面各种自然现象及其分布规律提供了条件,对地球资源和环境分析极为重要。根据探测距离的远近,目前遥感可以提供不同空间范围和宏观特性的图像,如一幅 1:1 万航空像片可以表示 2.3 km×2.3 km 的地面,连续拍摄的航空像片又可以镶嵌为更大的区域,以便进行全区域宏观分析和研究。卫星遥感影像覆盖的空间范围更大,以美国陆地卫星 5 号(Landsat 5)为例,它距离地面的高度是 705.3 km,对地球表面的扫描宽度是 185 km,一幅 TM 图像代表的地表面积为 185 km×185 km,可以全部覆盖我国海南岛大小的面积,我国全境仅需 500 余张这种图像,就可拼接成全国卫星影像图。这为区域的宏观研究提供了有利的条件。

(2)获取信息快,更新周期短,具有动态监测特点。遥感通常为瞬时成像,可获得同一瞬间大面积区域的景观实况,从而能及时获取所测目标物的最新资料。不仅便于更新原有资料,进行动态监测,且便于对不同时刻地物动态变化的资料及影像进行对比、分析和研究。这是人工实地测量和航空摄影测量无法比拟的,为环境监测以及分析地物动态变化规律提供了基础。例如,Landsat 5 每天环绕地球 14.5 圈,覆盖地球一遍所需时间仅 16 d,如果两颗卫星同时运行,只需要 8 d。NOAA 气象卫星地面重复观测周期为 0.5 d (12 h)。第二代 Meteosat 卫星每 15 min 获得同一地区的图像。总之,通过遥感瞬时、周期成像,可以反映地表过程动态变化,如作物病虫害、洪水、污染、火灾的情形和土地利用的变化、两极冰盖的变化等。

(3)可获取的信息量大,具有手段多、技术先进的特点。根据不同的目标任务,遥感技术可选用不同波段和遥感仪器来获取信息。它不仅能获得地物可见光波段的信息,而且可以获得紫外、红外、微波等波段的信息。因此,遥感可以探测到人眼观察不到的地物的一些特性和现象,扩大了人们观测的范围,加深了对地物的认识,如植物在近红外波段的高反射特性是人眼无法识别出来的,但是在彩色红外航片和 TM 的近红外波段的图像上能清晰地反映出来。上述特性决定了遥感具有信息量巨大、受地面限制条件少、经济效益好、用途广等优势。例如,Landsat 5 所携带的专题制图仪(TM)共有 7 个电磁波通道,可以记录从可见光到热红外的电磁波信息,每秒可接收 100 亿个信息单位,而最先进的成像光谱仪在可见光到红外波段具有 100～200 多个波段。利用不同波段对物体不同的穿透性,可获取地物内部信息。例如,地面深层、水下、植被、地表温度、沙漠下面的地物特性等,微波波段还可以全天候地工作。这无疑扩大了人们的观测范围和感知领域,增加了对事物和现象的认识。

(4)获取信息受限制条件少,具有用途广、效益高的特点。在自然条件恶劣、地面工作困难的地区(高山峻岭、密林、沙漠、沼泽、冰川、极地、海洋等)或因国界限制而不宜到达的地区,采用遥感技术不受地面条件限制的优势,可以远距离获取所需信息。目前,遥感技术已广泛应用于农业、林业、矿产探测、测绘、地质勘查、气象气候、水文、海洋研究、环境监测、军事侦察等领域,随着应用领域的不断扩展、技术的不断创新,遥感将有更大的发展空间及应用前景。

遥感技术及应用遥感是当今获取空间信息的重要手段和工具,它具有获取信息多、范围宽、速度快的特点,且遥感数据中有空间信息和属性信息,所以遥感与地理信息系统相结合是必然的。遥感技术在应用中需要借助 GPS 进行地面采样、导向、定位。所以,将 RS,GIS,GPS 三种独立技术中的有关部分有机结合起来形成的以地理信息系统为核心的 3S 技术的集成,构成了对空间数据进行实时收集、更新、处理、分析,为各种实际应用提供科学决策咨询的强大技术体系。

遥感的理论基础是物质的光谱特性,即地物对电磁波的响应特性。各种物体具有反射或辐射不同波长电磁波信息,同时不同物体具有不同的电磁辐射特性,遥感技术才有可能探测、识别和研究远距离的物体。遥感技术的基础是电磁波辐射理论。在电磁波作用下不同物质会在某些特定波段形成反映物质成分和结构信息的光谱吸收与反射特征。物质的这种对不同波段光谱的响应特性通常被称为光谱特征。光谱特征是用遥感方法探测各种物质性质和形状的重要依据。遥感就是根据这个原理来探测地表物体发射的电磁波特性或对电磁波的反射特性,并对这些特性进行处理和分析,实现远距离识别物体。草地动态监测的基础是植被的光谱特征,植被具有非常显著的光谱特征,在遥感影像上可以有效地与其他地物区分开来。不同的植物有其自身的波谱特征,这就使得在遥感影像上能有效地区分植被类型、长势及估算生物量。同类植物由于生长状况、季节差异、健康程度、空间分布等的不同,其反射率也有较大差异。

绿色植物在 $0.4 \sim 0.76\ \mu m$ 有一个反射峰值,大约 $0.55\ \mu m$(绿)处,两侧 $0.45\ \mu m$(蓝)和 $0.67\ \mu m$(红)则有两个吸收带;近红外波段 $0.7 \sim 0.8\ \mu m$ 有一反射陡坡,至 $1.1\ \mu m$ 附近有一峰值,形成植被独有特征;中红外波段 $1.3 \sim 2.5\ \mu m$ 受植物含水量影响,吸收率大增,反射率大大下降。

1.3.3 遥感技术在草地研究中的应用综述

由于遥感技术具有快速、大范围、动态监测的特点,很早就被运用到草地研究中。Coupland 等(1979)对北美洲草地初级生产力进行研究,Paul 和 Mascarenhas 于 1981 年在 Science 上发表了文章介绍遥感技术在植被监测、矿产资源的分布、地表水位置查找中具有重要作用;加拿大等一些国家的学者,如 Roy 等(1994)、Tucker(1985)利用遥感数据对草地退化进行监测和分析,为草地资源的合理利用和管理提供科学依据;Tuller(1989)介绍了遥感技术在草地资源中的调查应用,强调利用航天、航空高分辨率遥感影像结合地理信息系统将在以后的草地资源调查、监测、管理中发挥重要作用;Paruelo 等(1994)依据主要覆盖类型及优势草种划分出草地单元,评估了阿根廷 Patagonia 西北部的草地;Ringrose 等(1999)借助 Landsat TM 数据用常规的遥感影像分类法,辨别了博茨瓦纳东南部草地不同季节特征;Langley 等(2001)尝试把多时相 TM 影像数据运用到美国新墨西哥州的一个半干旱试验草场绘制植被分布图,并把它与之前的单时相影像分类的结果比较,发现单时相比多时相影像更精确。

20 世纪 80 年代,国外大量研究人员利用遥感技术在草地生物量估算、草地生产力动态监测研究中取得了较大进展。80 年代初 Taylor 和 Dini 等利用遥感影像计算归一化植被指数来监测草地生产力的变化;Prince 等(1986)多次搜集博茨瓦纳东部雨季和生长季的资料,发现 NDVI 与牧草生长末期地上生物量关系密切;Graetz 等(1988)对澳大利亚的遥感资料在草原土地利用和草原植被生产力中的应用做了全面的介绍,指出了高分辨率遥感影像在草原动态监测中的应用前景;Anderson 等(1993)从 TM 影像上估计了美国科罗拉多州一个半干旱试验草场地上生物量;Merrill 等(1993)利用 MSS 影像数据估算了美国黄石公园的绿色草地生物量;Friedl 等(1994)利用了 TM 影像估算了美国堪萨斯州东北部的一个试验场的草地生物量。

Todd 等(1998)也利用了 TM 影像提取的植被指数,估算了科罗拉多州东部的地上生物量,发现牧区植被指数与其草地生物量之间存在线性关系,而在非牧区两者并没有很好的相关性;Alfredo 等(2002)利用 1982~1992 年的 TM 遥感数据,采用光谱分离的方法对阿根廷草原的退化进行了研究;Pickup 等(1994)讨论了利用遥感方式获取的评价指标来监测草地退化;Benie 等(2005)利用多年影像,结合已有的时空模型对萨赫勒地区牧草生物量进行了估算和预测;Turner 等(2006)利用 MODIS 数据估算多种生物群落的植被初级生产力和总初级生产力;Cho 等(2007)利用光谱指数和偏最小二乘回归法,通过航空高光谱影像估算草地生物量,并比较分析了高光谱指数 NDVI 和偏最小二乘回归法以及红边位置(red edge position,REP)对草地生物量估算的精确度;Eve 等(1999)利用多年的 AVHRR 影像制作了草场退化分布图;Numata 等(2008)报道了利用 Hyperion、ETM＋和野外实际测量数据进行分析比较,对牧草的地上生物量、枯死生物量、草地冠层含水层等进行评估,得出利用多光谱遥感数据监测土地覆盖变化效果更好;Tanser 等(1999)发现 MSDI 在研究草地退化中是对 NDVI 的有益补充;美国学者 Wessels 等(2007)利用 AVHRR,MODIS 数据对南非东北部草地进行了研究,发现长期的过牧行为确实造成草地退化;挪威学者 Paudel 等(2010)利用 1976~2008 年的 Landsat MSS,TM,ETM 和 SPOT 影像及 1981~2006 年的 8 km 分辨率的 NOAA/NDVI 数据对尼泊尔 Ghiling 地区进行了草地退化状况制图,并分析了草地退化的驱动力,研究结果也表明该地区的草地退化并非仅仅由非均衡理论所阐述的长期降水变化驱动,而是由放牧、降水以及当地长期的自然演变过程共同决定;Foster 等(2011)、Wang 等(2012)用光学与微波遥感监测了草原积雪状况。

我国 20 世纪 80 年代已开始进行遥感技术的开发研究,特别是在遥感应用方面取得了突破性的进展,已经由实验研究进入生产应用,由定性描述进入定量分析,由静态调查到动态监测,许多研究者尝试利用遥感技术进行草地生物量的评估和草地生产能力的评价。例如:徐希孺等(1985)用 NOAA 资料估算内蒙古锡林郭勒盟的草地产草量;丁志等(1986)用气象卫星影像资料估测了塔里木河中、下游地区的草地生物量;李建龙等(1998)根据在新疆阜康市不同草地类型上观测的草地产量,利用遥感技术和 GIS 建立了非线性遥感估产模型;农业部遥感应用中心兰州分中心利用高时间分辨率的 MODIS-NDVI 数据,分析了北疆地区 10 种草地类型地上生物量同植被指数之间的关系,建立了草地地上生物量遥感动态监测模型,研究了 2004～2006 年草地植被生长季期间的生物量时空变化特征,为草地资源监测和草畜动态平衡提供科学依据。

2004～2006 年,西藏自治区农牧厅和中国农业科学院农业资源与农业区划研究所合作开展了"西藏草原卫星遥感监测系统研制与应用"工作。2005 年,该项目利用研制成功的"草原监测系统"对西藏草原长势、产草量、草畜平衡以及草原灾害等情况进行了初步监测。2006 年经过试运行,通过系统布设相应地面样方,形成较为完善的监测体系,交付西藏自治区使用。"西藏草原卫星遥感监测系统"集成遥感(RS)、地理信息系统(GIS)、全球定位系统(GPS)等现代高新技术,快速、准确地获取西藏草原植被长势、天然草原产草量、草畜平衡状况、草原生态以及灾害等各种动态数据,实现草原遥感监测数据的区内共享,形成西藏草原卫星遥感监测,以及草原保护和管理的数字平台,具有信息快速更新的功能,不仅可为草原管理部门随时提供草原监测结果和决策依据,而且系统操作简单、实用,使操作人员能够快速、方便地完成监测和信息传播任务(农业部发展计划司,2011)。

2000～2001 年,全国农业资源区划办公室组织中国农业科学院资源区划研究所、中国农业科学院草原研究所及太原分中心等单位开展了"我国草地退化、草原区耕地变化遥感监测"工作。主要工作包括:①根据 20 年来(每年 7 月、8 月)5 期 NOAA 气象卫星遥感资料,计算不同草地类型区内,各退化等级草地的面积和分布,计算退化速率;②根据草地生产力地面统计数据、NOAA 气象卫星遥感资料和对应的地面气象观测资料,建立不同草地类型区的估产模型,计算各类型区不同时期的产草量;③结合草地生产力动态监测结果、草地理论载畜能力、各地区畜牧业统计资料,预测主要牧区载畜能力及合理载畜量;④利用 20 世纪 80 年代初期、90 年代初期由 TM 解译的 1/25 万土地利用图,以及 2000 年 MODIS 遥感数据,提取和判读草原区及农牧交错带耕地分布,分析 20 年来草原开荒面积、历史和现有耕地面积、草地退化面积等。

1999 年 12 月和 2002 年 2 月发射成功的美国新一代对地观测卫星 Terra 和 Aqua 均带有中分辨率成像光谱仪,光谱范围从太阳短波到热红外,从 $0.415\sim14.235\ \mu m$ 的 36 个光谱波段,地面分辨率分别为 250 m,500 m,1 000 m,可以反映陆地、海洋、云特征、生物地理、地表温度等信息。近年来,地球观测卫星 EOS/MODIS 数据广泛应用在土地利用、植被覆盖、自然灾害等的研究和监测中。利用遥感数据进行天然草地资源的遥感动态监测,已成为当前国际草地科学研究中的前沿课题。国内,冯蜀青等(2004)等利用遥感数据,通过建立牧草产量评价模型,对青海牧草产量进行监测;赵冰茹等(2004)以 2002 年 5～9 月的地面实际测量数据和同步 MODIS 遥感数据为基础,分别建立 4 种草地类型的草产量与 MODIS-NDVI 关系模型,探讨利用 MODIS-NDVI 进行草地估产研究的可行性;除多等(2007)根据 2004 年 8 月至 9 月西藏藏北高原草地地面观测数据结合同期的 EOS/MODIS 卫星遥感数据获取的草地植被指数,建立了草地地上生物量、干物质与 EOS/MODIS 归一化植被指数、增强型植被指数之间的数量关系,分析了影响草地植被空间分布的气候和高程两个主要因素之间的关系;梁天刚等(2009)利用草地调查资料和 Terra/MODIS 资料,建立了甘南牧区草地地上生物量遥感反演模型,模拟分析了甘南州及各县市草地资源在研究期间的生物量及理论载畜量动态变化;冯琦胜等(2011)在青藏高原地区利用 MODIS 得到的增强型植被指数和归一化植被指数,结合地面实测数据和留一法交叉验证方法,建立了估算草地生物量的遥感反演模型,通过验算表明归一化植被指数比增强型植被指数更适合估算植被生长情况。

涂军等(1998)利用 TM 影像对若尔盖高原生态脆弱区的草地退化和沙化进行了动态监测;阿荣等(1997)利用不同时相的遥感影像对内蒙古镶黄旗草原生态环境进行监测和研究;裴浩等(1999)在 GIS 技术支持下,利用 NOAA 资料监测了内蒙古锡林郭勒盟草地退化状况,并评估和分析了该区的草地质量;刘志明等(2001)利用遥感资料分析了吉林省西部草地退化情况;王鹏新(2003)利用遥感数据研究了近 20 年来典型草原的退化与恢复特征,动态监测了典型草原退化的时空分布特征;辛晓平等(2009)结合草地生物量调查资料、利用对应时段的 NDVI 数据,分析了 1982～2003 年不同时期我国草地生物量空间格局变化特征及其与气候变化的关系;金云翔等(2011)基于 371 个样地调查数据和 2005～2009 年的 MODIS-NDVI 遥感数据,建立地面样方的产草量与遥感数据的关系模型,模拟分析了内蒙古锡林郭勒盟草原产草量的时空分布;曹水翔等(2011)利用归一化植被指数提取察汗乌苏绿洲不同时期的植被覆盖度等级图,定量分析评价植被覆盖度的多年变化。

高清竹等(2005)根据遥感数据特征和藏北地区草地退化现实状况,结合草地退化国家标准,建立了以植被盖度为草地退化遥感监测指标和评价体系,并用该评价体系评估了藏北地区近 24 年的草地退化情况;毛飞等(2007)利用 1982～2000 年 NOAA/AVHRR 影像得出归一化植被指数,并对藏北那曲地区植被采用主成分分析和非监督分类方法进行分类,进一步分析植被区每个像元归一化植被指数的时空变化特征,结果表明,该地区草地分类结果与实际情况相符,近 20 年来那曲地区植被变化不明显,约 20% 地区植被活动在减弱;李辉霞等(2007)以 1994 年和 2001 年的 TM 图像作为原始数据,在 GIS 技术支持下,对西藏自治区那曲县的草地资源利用和草地退化的现状进行了分析,并在此基础上探讨了草地退化强度变化和草地型动态演替的规律。

1.4　生态系统服务功能概述

1.4.1　生态系统服务功能概念

生态系统由生物系统(或称为生命系统)和自然环境(或称生命支持系统)组成。生物系统包括人类和各种动物、植物、微生物等,生态系统的生命角色有生产者、消费者和分解者三大类,分别由不同种类的生物充当。各种植物是初级生产者,通过以光合作用为主要途径的生物化学反应,把二氧化碳、水和诸如氮、磷、钾等无机物转化为植物性蛋白质、脂肪和糖类,为各类初级消费者(草食动物)提供食物。而高级消费者(食肉性动物)则以别的动物为食物,从而形成了一个食物链,食物链的最高端就是人类。为人类提供肉、蛋、奶、皮毛等畜产品的动物,扮演着消费者和次级生产者的双重角色:一方面消费了饲草、饲料;另一方面为人类生产各种畜产品。食腐动物、原生动物和各种微生物是生态系统中的分解者和清道夫,通过复杂的生物化学过程把停止生命活动的有机体分解成各类无机物,为生产者进行新一轮的生产提供"原料"。在整个生态系统中,生物是主体,自然环境是载体,各类生物的数量和比例总是维持在相对稳定的状态。生态系统具有自我平衡的调节能力,但这种自我调节能力是有限的。在一定限度内,生物能够适应生态环境的变化,但当自然环境的变化强度超过某些物种适应能力的限度时,这些物种就会退化甚至灭绝。生物物种的灭绝会导致生物多样性的缺失和食物链的断裂,从而影响到整个生态系统的平衡。

当今世界,人类俨然是整个生态系统的主宰。18 世纪以来的工业革命和科学技术的迅猛发展,赋予了人类改变自然的神奇力量,这种改变提高了人类的生活质量;但现代科技也给整个生态系统带来了破坏,地球上的资源以几何级数的速率被加速消耗,大量废水、废渣、废气不断产生,森林减少、水土流失、冰川消融、地球变暖、生物多样性锐减。如果不尽快遏制这种势头,最终必将直接威胁人类自身的生存。

关于生态系统服务功能的概念尚无统一的表述,目前最具代表性的是 Daily 和 Gostanza 等所作出的定义。Daily 在 1997 年首次提出生态系统服务功能的定义,即自然生态系统及其物种能够提供的可以满足人类生存,维持生物多样性和生产生态系统产品(如海产品、牧草、木材、生物燃料、自然纤维、药材、工业产品及其原料)的条件及过程。Costanza(1998)则认为生态系统服务功能是指生态系统提供的商品或服务,即人类从生态系统功能中获得的收益。

生态系统服务功能的研究在我国起步较晚,自 20 世纪 90 年代开始,我国学者在这方面针对概念、研究内容、评估方法等做了大量的研究工作。针对生态系统服务功能价值的表述,不同学者有不同的认识。谢高地等(2001a)认为生态系统服务功能就是通过生态系统直接或间接得到的产品和服务;李文华(2008)认为生态系统服务功能是人类从生态系统中获得的直接或间接的、有形的或无形的效益;董全(1999)认为生态系统服务功能是自然生物过程产生和维持的环境资源方面的条件和服务;阎水玉等(2002)认为生态系统服务功能就是自然生态系统生产和提供的对人类生存与社会发展具有支撑作用的产品和资源等;欧阳志云等(2000)则指出生态系统服务功能就是生态系统与生态过程所形成及所维持的人类赖以生存的自然环境条件与效用。

1.4.2　生态系统服务功能的内容

生态系统服务功能的内容如下。

1. 有机质的生产及生态产品的提供

生态系统向人类提供了粮食、蔬菜、肉类、木材、橡胶、医药资源及其他工业原料,提供有机质及生态产品是生态系统的基本功能。据统计,每年各类生态系统为人类提供粮食18亿吨,肉类约6亿吨(WRI,1994),鱼类约1亿吨(UNFAO,1993)。生态系统还是重要的能量来源,据估计全世界每年约有15%的能源取自生态系统,在发展中国家更是高达40%(Hall等,1993)。

2. 生物多样性的产生与维持

生物多样性是指在一定时间和一定地区所有生物(动物、植物、微生物)物种及其遗传变异和生态系统的复杂性总称。其中,生境的多样性是生态系统多样性形成的基础,生物群落的多样化可以反映生态系统类型的多样性。各类生物物种的繁衍生息依靠生态系统所提供的场所,而且生物进化及生物多样性的产生与形成都依靠生态系统提供条件;同时,多种多样的生态系统为不同种群的生存提供了场所,从而可以避免某一环境因子的变动而导致物种的灭绝,并保存了丰富的遗传基因信息(欧阳志云等,2000)。生物多样性维护了自然界的生态平衡,并为人类的生存提供良好的环境条件。生物多样性是生态系统不可缺少的组成部分,人们依靠生态系统净化空气、水,并充腴土壤。

3. 调节气候

众所周知,气候对地球上生命进化与生物分布起着主要的作用。绿色植物通过光合作用固定大气中的 CO_2、放出 O_2 等,维持大气环境化学组成的平衡,而减缓地球的温室效应。据测定,在早期的地球历史中,大气中的氧气含量要比现在低,当前大气中氧气含量达到21%,这主要归功于植物的光合作用。科学家估计,如果没有植物的光合作用,现在地球大气中的氧气将在数千年内耗尽。同时,绿色植物还具有防风、调节气温、增湿、降低风速等改善小气候的功能。植物通过发达的根系从地下吸收水分,再通过叶面蒸腾,从而直接影响到水分蒸腾及涵养、太阳辐射的吸收和反射、地面辐射等生态过程,从而影响到降水和气温等重要气候要素,对区域性的气候有直接的调节作用。例如,在亚马孙流域,50%的年降水量来自于森林的蒸腾(Salati,1987)。

4. 土壤的生态服务功能

土壤是通过成千上万年积累形成的财富,但很短的时间就可能流失殆尽。在世界历史上,肥沃的土壤养育了早期的文明,也有的古代文明因土壤生产力的丧失而衰落(Adam,1981)。在今天,世界约有 20% 的土地由于人类活动的影响而退化(Oldeman et al.,1990)。除在水分循环中的作用外,土壤的生态服务功能主要还包括以下几点。

(1) 为植物的生长发育提供场所。正是在土壤的支撑下,植物种子完成了发芽、扎根、生长、开花、结果的生命周期。

(2) 为植物保存并提供养分。

(3) 还原有机物。土壤微生物不但在有机质的还原和营养物的循环中起着关键作用,而且将许多人类潜在的病原物在还原过程中进行无害化处理。人类每年约生产废弃物 1300 亿吨,其中 30% 源于人类活动(Vitousek,1986)。有幸的是,土壤中不同种类的微生物像流水线上的工人一样源源不断地将化合物还原成简单的无机物。例如,肥皂、农药、酸、油等工业废弃物都能被生态系统中的微生物无害化与降解。

(4) 提高土壤肥力。土壤微生物将有机质还原形成简单无机物,并最终作为营养物返回植物。在很大程度上,土壤中的细菌、真菌、线虫、原生动物、蚯蚓等各种生物的活性决定着土地的供肥能力。例如,在 1 hm^2 土地中的蚯蚓每年可以加工十余吨有机物,从而可以大大改善土壤的肥力及其理化性质(Lee,1985)。

(5) 土壤在氮、碳、硫等大量营养元素的循环中起着关键作用。据估算,土壤中碳的储量是全部植物总碳储量的 1.8 倍,而土壤中氮的储量更是植物中总量的 19 倍(Schlesinger,1991)。人类活动,如森林砍伐与利用、农业开垦、湿地利用等都可能改变生态系统碳、氮的储存与循环的过程,从而增加大气中温室气体的浓度,引起全球气候变化。同时,氮化合物在大气中增多,还可能引起酸雨,氨的流失,可能导致水体的富营养化等环境问题(Vitousek et al.,1986)。

5. 传粉与种子的扩散

植物靠动物传粉而受精、结果,如果没有动物的传粉,不仅会导致农作物大幅度减产,还会导致一些物种的灭绝(Buchmann et al.,1996)。据记载,已发现传粉动物约 10 万种,包括鸟、蝙蝠和蝴蝶、蜜蜂等。植物不仅需要动物传粉,而且有些植物还需要动物帮助传播和扩散种子,有些种类甚至必须有一些动物的活动才能完成种子的扩散。例如,依靠蚂蚁传种的有花植物达 60 科 3 000 种以上,鸟类的羽毛、脚趾和脚蹼,可把植物种子传播到数千千米以外的地方。在传粉和传种过程中,动物获得自身生长繁殖所需要的食物和营养,在长期的这种互惠作用中,相互之间形成了协同进化的关系,使生物界得以繁荣昌盛,这是人工所不能代替的极为重要的生态效应。

6. 有害生物的控制

有害生物是指在一定条件下,对人类的生活、生产甚至生存产生危害的生物。狭义上仅指动物,广义上包括动物、植物、微生物。据估计每年有 25% 以上的农产品被这些有害生物消耗(Pimentel et al.,1989),同时还有成千上万种杂草直接与农作物争水、光和土壤营养。在自然生态系统中,有害生物往往受到天敌的控制。据估计,99% 的农作物潜在有害生物能得到自然天敌的有效控制(DeBach,1974)。这不仅给人类带来了巨大的经济效益,而且更重要的是减少了化学农药的大量使用,降低了环境污染和对人类健康造成的潜在威胁(Naylor et al.,1997)。

7. 环境净化

陆地生态系统的生物净化,主要是由植物吸收、转化、降解各种污染物。其中包括植物对大气污染的净化和土壤-植物系统对土壤污染的净化。

植物净化大气主要是通过叶片的作用实现的。绿色植物净化大气的作用主要有两个方面:一是吸收 CO_2、放出 O_2 等,维持大气环境中两者的平衡;二是在植物抗性范围内能通过吸收而减少空气中硫化物、氟化氢、氯气等有害物质的含量,同时植物,特别是树木,对降尘和飘尘有明显的滞留过滤作用。

土壤-植物系统的生物净化功能主要体现在三个方面:①植物根系的吸收、转化、降解和合成作用;②土壤中真菌、细菌和放线菌微生物区系的降解、转化和生物固定作用;③土壤中动物区系的代谢作用,对于一般有机物质,特别是对含氮、磷、钾的有机物具有理想的净化效果。

8. 维持土壤功能

土壤通过其肥力养育着陆地上的植物,通过植物又养育着动物和微生物。一旦植被破坏,不仅直接影响动物和微生物的生存,整个生态系统也因物质和能量的收支改变而导致平衡失调,以致最终被破坏。从陆地生态系统的结构与生态过程的角度来看,生态系统土壤保持机制主要表现在降水截流、蓄水透水、土壤固结这三方面(哈德逊,1976):生态系统通过地表植物削减降水势能,减少和延缓径流,增加土壤保水能力;植被根系使土壤疏松多孔,凋落层具有较好的吸水性能;生态系统通过降低地表径流、根系固土,减少土壤侵蚀、降低风速等,保障了农牧业的生产,防止了湖泊、河流和水库的淤积(康立新,1994)。

1.4.3　生态系统服务功能类型划分

生态系统服务功能的分类方法很多,有代表性的分类主要有以下几种。

Daily(1997)提出生态系统服务功能可以划分为生态系统产品(eco-systemgoods)和生命支持功能(life-supportfounctions)两大类。其中:产品功能包括食物、饲料、木材、薪柴、天然纤维、医药和工业原料;生命支持功能包括空气和水净化、水旱灾减缓、废弃物降解、生物多样性维持、土壤及肥力形成和恢复、作物和自然植被传粉、病虫害控制、种子传播和营养物迁移、太阳紫外线辐射防护、局部气候调节、减缓极端温度、风力和海浪、文化多样性维持、提供美学和知识等。

Costanza 等(1998)在他们著名的文章《全球生态系统服务和自然资本的价值》中将全球生态系统类型划分为海洋、森林、草原、湿地、水面、荒漠、农田、城市等 16 个大类 26 个小类;生态系统服务功能划分为气候调节、水调控、水土流失控制、物质循环、污染净化、文化娱乐价值等 17 种功能(表 1-1)。

表 1-1　生态系统服务项目表

序号	生态系统服务	生态系统功能	举例
1	气候调节	调节大气化学组成	CO_2/O_2 平衡，O_3 对 UV-B 的防护，SO_X 的浓度水平
2	气体调节	调节区域或全球尺度上的温度、降水及其他生物参与的气候调节	调节温室气体，影响云形成的 DMS（硫化二甲酯）产物
3	扰动调节	生态系统对环境扰动的容量、抑制和整合响应	主要有植被结构控制的生境对环境变化的响应，如防止风暴、控制洪水、干旱恢复等
4	水调节	调节水流动	为农业（如灌溉）、工业过程和运输提供水
5	水供给	储存和保持水	为流域、水库和地下含水层提供水
6	控制侵蚀和保持沉积物	生态系统内的土壤保持	防止土壤被风、水侵蚀，将淤泥储存于湖泊和湿地
7	土壤形成	土壤形成过程	岩石的风化和有机质的积累
8	养分循环	养分的储存、内部循环、处理和获取	固氮，氮磷和其他元素及养分的循环
9	废物处理	易流失养分的再获取、过多或外来养分、化合物的去除和降解	废物处理、污染控制、解除毒性
10	传粉	有花植物配子的运动	提供传粉者，以便使植物种群繁殖
11	生物防治	生物种群的营养动力学控制	关键种捕食者控制被食者种群，顶级捕食者使草食动物减少
12	栖息地	为定居种和迁移种提供生境	育雏地、迁移动物栖息地、定居物种栖息地或越冬场所
13	食物生产	总初级生产中可用于食物的部分	通过渔猎、采集和农作、畜牧收获的鱼、鸟兽、作物、坚果、水果、乳、肉
14	原材料	总初级生产力可提取的原材料	木材、燃料和饲料的生产
15	遗传资源	特有的生物材料和产品的来源	药物、抵抗植物病原和作物害虫的基因、装饰物种（宠物和园艺品种）
16	休闲	提供休闲娱乐	生态旅游、体育、钓鱼和其他户外休闲娱乐活动
17	文化	提供非商业用途	生态系统美学的、艺术的、教育的、精神的或科学的价值

　　de Groot 等(2002)在总结已有的关于生态系统服务分类研究成果的基础上,提出了一个有用的分类系统,包含调节功能、提供生境、提供产品、信息功能 4 大类功能,23 个子功能。

　　《千年生态系统评估》(Millenniums Ecosystem Asessment,MEA)(赵士洞,2007)将生态系统服务分为四大类和若干子服务功能(表 1-2)。对功能和服务概念的理解:Coastanza 等和 MEA 称之为服务,de Groot 等称之为功能。

表 1-2　生态系统服务分类

供给服务	调节服务	文化服务	支持服务
食物和纤维	空气质量维持	文化多样性	第一性生产
燃料	气候调节	精神和宗教价值	大气中氧的生成
木材	水资源调节	知识价值	土壤形成和保持
观赏和环境用	侵蚀控制	教育	营养循环
生化药剂、天然药材	水净化和废物处理	灵感	提供栖息地
遗传资源	人类疾病调节	美学价值	
淡水	生物控制	社会关系	
水能	传粉	地方感	
	防风护堤	文化遗产价值	
		娱乐和生态旅游	

　　近年来,MA 工作组提出的分类方法得到了广泛的认可。MA 工作组将生态系统服务功能分为供给服务、调节、文化和支持 4 个大的功能组。供给功能是指生态系统生产或提供的产品;调节功能是指调节人类生态环境的生态系统服务功能;文化功能是指人们通过精神感受、知识获取、主观感受、消遣娱乐和美学体验从生态系统中获得的非物质收益;支持功能是为生产其他所有的生态系统服务而必需的那些生态系统服务。

1.4.4　生态系统服务功能价值评估方法

　　根据生态经济学和资源经济学的研究成果,生态系统服务功能的经济价值评估方法可分为两类(UNEP,1991)。一是替代市场技术。对那些没有直接的市场交易和市场价格,但可以找到具有相同功能的替代品的生态系统的某些服务,虽然没有直接的市场价格,但可以使用技术手段获得与某种生态系统服务相同的结果所需的生产费用为依据间接估算生态系统服务的价值。该方法以"影子价格"和消费者剩余来表达生态服务功能的经济价值。有代表性的估算方法有市场价值法、生产成本法、费用支出法、替代费用法、旅行费用法和享乐价格法。二是模拟市场技术(又称假设市场技术),它以支付意愿和净支付意愿来表达生态服务功能的经济价值,其评价方法只有一种,即条件价值法。下面简单介绍本书中涉及的一些方法。

1. 市场价值法

市场价值法是指直接用市场价格来衡量生态产品和功能的价值。例如,森林产品提供的价值可以直接用木材价格和产量的乘积来表示。由于这种方法比较直观,生态收益可以直接反映在国家账户上而受到国家和地区的重视,也为人们广泛接受。

理论上,市场价值法是一种合理方法,它根据实际发生的市场行为来估算,估算过程中所需要的价格、销售量及生产成本容易获取,评估结果更易获得公众的认可,是目前应用最广泛的生态系统服务功能价值评价方法。但是,这种方法只考察了生态系统及其产品的直接经济效益,而没有考虑其间接效益;只考虑到作为有形实物的商品交换价值,而没有考虑到无形的生态价值,加上生态系统服务功能种类繁多,而且往往很难定量,实际评价时仍有许多困难。

2. 生产率法

生产率法是费用效益分析的一种基本方法。它的基本原理是,将生态环境作为一种生产要素,生态环境质量的变化可以通过生产过程导致生产率和生产成本的变化,进而影响到产量和利润的变化,由此来推断生态环境质量的改善或破坏所带来的经济上的影响。它主要用来评估那些可以作为产品投入商业市场的生态系统服务功能的经济价值。生态系统服务功能常常关系到生产市场产品的成本。例如,清洁水可以代替化学制品以及过滤成本等,从而降低整个生产过程的成本。

生产率法的计算公式为

$$E = \left(\sum_{i=1}^{k} P_i \times Q_i - C_j \times Q_j \right)_x - \left(\sum_{i=1}^{k} P_i \times Q_i - C_j \times Q_j \right)_y \tag{1-1}$$

式中:E 为生态环境质量的改善带来的效益或者生态破坏带来的经济损失;P_i 为产品的价格;C_j 为产品的成本;Q_i 为产品的数量;i,j 分别表示产品的种类和投入;x,y 分别表示生态环境质量变化前后的情况。

目前生产率法被广泛应用于人类资源利用活动产生的生态环境破坏对自然系统或人工系统影响的评价,对自然系统的影响,如农业、林业、渔业、水资源;对人工系统的影响,如建筑物、材料腐蚀的影响等。

此方法的优点是依据真实的市场资料,结果比较客观,同时所需数据不多,且容易获得。缺点是多种服务功能存在交叉影响、剂量关系难以确定、难以进行非使用价值的衡量。

3. 费用支出法

费用支出法常常用于评价环境或生态系统的服务价值,它从消费者的角度来评价生态服务功能的价值,即以人们对某种环境效益的支出费用来表示该效益的经济价值。例如,用游憩者各种费用的支出总和(包括餐饮住宿费、往返交通费、门票费、设施使用费、摄影费用、停车费等所有支出的费用)作为自然景观的游憩效益的经济价值。

费用支出法有:总支出法、区内支出法和部分费用法(一般只计算游客的门票费、交通费、餐饮费和住宿费)三种常用形式。费用支出法的优点是数据获取方便、评价结果客观。缺点是:①由于费用支出法中的许多费用并不是为享受而支出的,该方法不能反映游客真正愿意花多少钱去享受自然保护区游憩,因而不能真实地反映自然资源的实际价值;②该方法不能真实评估游客少的地点的旅游价值,如偏僻地区热带雨林的巨大价值。

4. 替代费用法

替代费用法是指通过估算替代品的花费来代替某些环境效益或服务的价值。它是以使用技术手段获得与某种生态系统功能相同的结果所需花费的生产费用为依据估算某些环境效益或服务的价值。例如,因水土流失而丧失的 N、P、K 养分的损失价值可以用生产等量化肥的费用计算。这种计算方法的缺陷是生态系统的很多功能是用技术手段无法代替的。例如,森林的美学价值、土壤结构及微量元素等是无法替代的。另外,生态系统的许多功能是难以准确计量的,如一片森林到底涵养多少水源,放出多少氧气等都很难准确计算。

5. 机会成本法

在决定自然资源的使用方式时,存在着许多备选方案,有些方案甚至是相互排斥的。为了做出最优选择,必须找出生态经济效益或社会效益的最佳方案。有限的资源具有多种用途,选择方案甲就必须放弃使用方案乙的机会,从而就失去了使用方案乙能获得的生态效益。人们把失去使用机会的方案中能获得的最大收益称为该资源选择方案的机会成本。机会成本指其他条件相同时,把一定的资源用于生产某种产品时所放弃的生产另一种产品的价值,或利用一定的资源获得某种收入时所放弃的另一种收入。例如,为了保护森林就放弃了获取木材的机会价值。

机会成本的数学表达式为

$$C_k = \max\{E_1, E_2, E_3, \cdots, E_i\} \tag{1-2}$$

式中:C_k 为方案的机会成本;E_i 为方案以外的其他方案的效益。

机会成本法常被用于难以估算直接经济效益的项目,如森林破坏后林区居民身体状况下降而导致医疗费用增加的损失。该方法简单实用、易于被公众接受,缺点是无法评估非使用价值及外部性收益难以通过市场化衡量的公共物品(李文华,2008)。

6. 费用分析法

人类为了维持现状或更好地生存而对生态系统变化会采取必要的措施,采取这些措施肯定会花费一些必要的费用。可以通过计算这些费用的变化来间接推测生态服务价值。根据实际费用的不同,可以将费用分析法分为三类。

(1)防护费用法。防护费用是指人们为了减少和消除环境污染或生态恶化的影响而支付的费用。为了消除或减少环境污染或生态恶化的影响,采取补偿的方法对环境进行估价,即在个人自愿的基础上把为消除或减少环境恶化的有害影响而承担的防护费用作为环境产品和服务的潜在价值。例如,为了减少噪声而安装的隔音设备;为了饮水安全而安装的净水设备等。防护费用法的缺陷是,在实际使用时会因个人不同的目标和动机而导致估价结果过高或过低,使评价结果产生偏差。同时,防护费用法只能估计环境资源的使用价值,而对非使用价值无法估价。

(2)恢复费用法。生态系统受到破坏后,为了获得原有的生态服务水平,采取技术手段恢复或者重置某种功能所花费的成本就是该生态系统的价值。

(3)影子工程法。影子工程法是恢复费用技术的一种特殊形式,它在生态环境破坏以后,人工建造一个工程来代替原来的环境功能所需支付的费用。当生态系统服务价值难以直接估算时,可用能够提供类似功能的替代工程或影子工程的费用来估算生态系统该项功能的价值。例如,一个旅游海湾被污染了,则需另建一个海湾公园来代替;一片森林被毁坏了,其涵养水源的功能丧失或造成荒漠化,就需要建设一个水库或防风固沙工程来替代等。其资源价值损失就是替代工程的投资费用。影子工程法的数学表达式为

$$V = G = \sum X_i \quad (i = 1, 2, \cdots, n) \tag{1-3}$$

式中:V 为生态系统服务价值;G 为替代工程的造价;X_i 为替代工程中 i 项目的建设费用。

7. 享乐定价法

享乐定价法是人们赋予环境质量的价值可以通过愿意为优质环境物品享受所支付的价格来推断。该方法常常用在房地产价值评估中。例如,人们支付某一地方房屋和土地的价格高于另一地方相同房屋和土地的价格,在去除非环境因素差别后剩余的价格差别可以归纳为环境因素。

享乐定价法的主要步骤如下:

(1)度量环境属性,主要包括某地的空气、水、噪声等环境属性的状况和质量;

(2)描述享乐价格函数,即描述财产价格与其相关的环境属性之间的功能关系,主要有财产特点、地段、邻居因素和环境因素等;

(3)数据收集,指评估对象的市场交易数据;

(4)相关性分析,采用多元回归等建立评价模型;

(5)获得环境改善的需求曲线,通过需求曲线来了解个人对环境的支付意愿。

该方法以实际市场价格为基础,因此评价结果具有较高的可信度。由于支付意愿受收入、年龄、文化程度等因素的影响导致结果有一定差异,同时必须知道被评估物品特征水平上的实际自然差异,且不涉及非使用价值,使该方法的应用受到一定的局限。

8. 旅行费用法

旅行费用法是以消费者的需求函数为基础来分析和研究的。通过旅行费用(如交通费、门票费和旅游点的花费等)来计算环境质量发生变化后给旅游场所带来的效益上的变化,从而估算环境质量变化所造成的经济损失或收益。

旅行费用法通过人们的旅游消费行为来评估非市场环境产品或服务,并把消费环境

服务的直接费用与消费者剩余之和作为该环境产品的价格,这两者实际上反映了消费者对旅游景点的支付意愿。

一般说来,直接费用主要包括与旅游有关的直接花费、交通费和时间费用等。消费者剩余体现为消费者的意愿支付与实际支付之差。

9. 条件价值法

条件价值法(桓曼曼,2001;欧阳志云等,2000)也称调查法和假设评价法,它属于模拟市场技术方法,是目前世界上流行的对环境等具有无形效益的公共物品进行价值评估的方法。由于"公共物品"没有交易市场和价格,无法运用真实市场法来计算其价值,西方经济学发展了假设市场法来进行价值估计。它主要利用问卷调查方式直接考察受访者对保存或者改变某种生态服务功能的支付意愿,并以这种支付意愿来表达这种生态服务功能的经济价值。市场价值法是评估"公共物品"的特有方法。它能评估各种生态系统服务功能的经济价值,既包括直接利用价值,也包括间接利用价值、存在价值和选择价值。

条件价值法通常适用于评价空气和水的质量;娱乐(包括垂钓、狩猎、公园和野生动物)效益;无市场价格的自然资源(森林和荒野地)的保护价值;生物多样性的选择价值、遗产价值,尤其是存在价值的评价等。

该方法特别适用于其他方法难以涵盖的评价问题,例如,空气和水质、娱乐、自然保护区和生物多样性存在价值的评估与分析。这是其他方法难以做到的,这是它受到人们欢迎的主要原因之一。该方法主要缺点是依赖于人们的观点,而不是以人们的市场行为做依据、在回答中会产生偏差,这需要细心的工作和一定的技术处理(如需要较大的样本数量和足够的经费、时间等)才能消除和减少误差。

1.4.5 生态系统服务功能相关研究进展

1. 国外研究进展

1)生态系统服务功能

生态系统功能是生境、生物学性质或生态系统过程,构建生物有机体生理功能的过程,是维持生态系统服务的基础;生态系统服务是指人类从生态系统中获得的直接或间接利益。因此,生态系统功能是生态系统服务的基础,生态系统服务是生态系统功能的表现(李佳,2007)。

国外学者对生态系统服务功能的认识大致经历了三个阶段。

第一阶段是认识萌芽阶段。在这个阶段人们认识到生态系统对人类有巨大影响,并提出生态服务功能的概念,探讨其内涵。很早以前,人类就意识到生态系统对人类社会发展有巨大的支持作用。古希腊的柏拉图曾经指出雅典水土流失和水井的干涸的重要原因是雅典人对森林的破坏。中国古人修建风水林也体现了他们注重林木景观、推崇环境绿化、禁止毁林的思想。同时也说明当时的人们已经意识到森林对居住环境具有重要作用。

在美国，George Marsh 最先用文字表述生态系统服务功能，在其著作《人与自然》中记载：由于受到人类活动的巨大影响，在地中海地区"山峰中的广阔森林已经消失，肥沃的土壤被冲走，丰美的草地被荒芜，漂亮的河流因为缺水而干涸"。书中对"资源无限"这个长期存在的错误认识提出了质疑与批评，他认为空气、水、土壤和各种动植物都是大自然赐予人类的宝贵财富，生态系统对人类的生存与生活具有重要的服务功能（Schulze，1993）。但是鉴于当时处于工业革命时期，他的研究没有得到充分重视（王坤，2009）。18 世纪法国科学家布丰（Buffon）是率先开展研究人类经济活动对自然环境作用的学者。Tansley（1936）提出生态系统的概念，标志着生态学形成了科学体系。Vogt（1948）第一个提出了自然资本的概念，他在讨论国家债务时指出浪费自然资源就会降低美国的经济偿还能力。20 世纪 50 年代，Odum 进一步发展了生态系统的概念，并丰富了生态学的内容。Aldo（1949）开始思考生态系统服务功能，提出了"土地伦理"的概念，指出人类不能替代生态系统的服务功能。生态系统服务功能的概念最早出现在 20 世界 60 年代（Helliwell，1969；King，1966），20 世纪 70 年代初，SCEP 在"Study of Critical Environmental Problems"中首次使用生态系统服务功能的 service 一词，并列出了包括气候调节、土壤形成、水土保持、害虫控制、昆虫传粉、物质循环与大气组成等方面的"环境服务"功能。后来，Holdrer 等（1974）又将土壤肥力的更新和基因的保存列入生态系统服务功能的范畴。1977 年，Ehrlich 将以上服务功能命名为生态系统的公共服务（public-service functions of the global environment）。Westman 将其称为自然服务（natural services），1953 年 Ehrlich 将它定义为生态系统服务价值（ecosystem services value）。

　　第二阶段是概念融合阶段。不同学者关于生态系统服务功能的内涵有不同的观点，在这个阶段，部分学者对此进行了梳理和综合，"生态系统服务功能"这一术语得到了广泛认同和普遍使用。在 1981 年对"环境服务""自然服务"等相关概念进行了梳理和统一，将 Westman 的"自然服务"首次称为"生态系统服务"（ecosystem services）（Ehrlich et al.，1981）。随后，这一概念及其内容又得以进一步具体和丰富。尽管国内外学者对生态系统服务的概念给出了不同的描述和表达，但对其科学内涵的理解是在逐步地完善和明确。Daily 主编的"Nature's service：Societal Dependence on Natural Ecosystem"认为生态系统服务是生态系统及其生态过程所形成与所维持的人类赖以生存的环境条件与效用，它们维持生物多样性并进行生态系统物品的生产；Costanza 将生态系统的产品和功能统称为生态系统服务，即由自然生态系统向人类提供的物质产品和维持良好生活环境对人类提供的直接福利。Cairns 则将生态系统服务定义为对人类生存和生活质量有贡献的生态系统产品和生态系统功能。2003 年千年生态系统评估（MA）在综合 Costanza 和 Daily 定义的基础上，认为生态系统服务是人们从生态系统中获得的各种收益。这一定义中生态系统服务功能的来源既包括自然生态系统，也包括人类改造的生态系统；囊括了生态系统为人类提供直接和间接的、有形和无形的效益。Bovd 和 Banzha 认为生态系统服务并不是人类从生态系统获得的收益本身，而是能为人类提供福利的生态组分。在这种概念之下，生态系统服务就包括了人类能直接或间接利用的生态系统结构、过程或功能。国内学者大多沿用了这些观点。例如，谢高地等（2008）、李文华（2008）、孙儒泳（2002）等分别认为生态系统服务是人们通过生态系统的功能直接或间接得到的对人类生存和生活质量有贡献的产品、服务或者效益。

第三阶段是认识深化阶段。在这个阶段,很多学者开始提出可以考虑以货币形式衡量生态系统为人类提供的生态服务功能。美国经济学家米歇尔是将生态环境与经济结合在一起的第一人,他在 20 世纪 70 年代首先提出了生产过程中的"外部不经济性",将经济效益和生态效益联系起来,认为生产过程中消耗的外部成本,即生态成本,应该纳入国民经济核算中。1972 年 Victor 在其著作《污染、经济和环境》中明确提出环境污染损失价值是经济核算必不可少的组成部分。1979 年,自然资源学家 Cook 提出了自然资源价值的概念。随后又有学者提出了生态价值、生物多样性价值、生态经济价值等生态与经济相结合的概念。对自然生态系统的价值进行了探讨,指出自然资源是有限的,对自然资源的破坏是不可逆的,对自然资源的使用必须以一定的经济代价作为补偿。最早将生态补偿纳入实践的是德国,早在 1976 年德国就以"补偿原则"方法作为评估环境影响的工具。1992 年,Gordon 对生态价值进行了分类分析,他认为生态价值包括使用价值和非使用价值两个方面,使用价值又可分为直接使用价值和间接使用价值。这些研究推动了生态系统服务功能研究的产生与发展。

2）生态系统价值评估研究

1991 年,国际科学联合会环境问题科学委员会(Scientific Committee on Problems of the Environment,SCOPE)成立了由 Costanza 负责的专门研究组,研究关于生物多样性间接经济价值及评估方法,探讨了怎样开展生物多样性间接价值的定量研究,促进了生态系统服务功能经济价值评估方法的发展。1997 年,以 Daily 为首的研究小组主编了"Nature's Services:Societal Dependence on Nature Ecosystems"一书,书中比较系统地介绍了生态系统服务功能的概念、研究简史、服务价值评估等内容,提出生态系统服务是指自然生态系统及其物种所形成、维持和实现人类生存的所有条件与过程。同年,Costanza 等也在《自然》杂志上发表了"The value of the world's ecosystem services and natural capital"一文,文中主要通过非市场价值评估法将生态系统服务功能划分为 17 种类型,并进行分类核算,首次得出全球平均生态系统服务功能价值大约为每年 33 万亿美元。Daily 和 Costanza 的研究成果在全球引起广泛关注和争论,从此生态系统服务价值评估成为生态学和生态经济学研究的热点和前沿。Serafy(1998)对世界生态系统服务和自然资本的非使用价值进行了评估。"Ecological Economics"杂志分别在 1998 年、1999 年和 2002 年以论坛或专题形式出版了有关生态系统服务功能及其价值评估研究的专刊,生态系统服务价值的定量评估逐渐成为国际可持续发展研究的热点。Hein 等(2006)分析了生态系统服务的空间衡量,并计算了生态系统服务在不同的空间存在不同的价值。Sutton 等(2002)研究了全球生态系统的市场价值和非市场价值及其与世界各国 GDP 的关系;联合国千年生态系统评估工作组开展的全球尺度和 33 个区域尺度的"生态系统与人类福利"研究,是目前最新也是规模最大的评估工作(潘庆民,2005)。

3）草地生态系统服务功能研究

草地是陆地生态系统的重要组成部分,草地生态系统的服务功能是巨大的,在维持陆地生态系统的生态平衡、涵养水源、保护生物多样性和珍稀物种资源等方面起着不可替代的作用。面对日益严重的草地退化现象,加强对草地生态系统的研究和保护尤为重要。虽然近年来人们对草地生态系统服务功能的认识逐渐加深,但与森林生态系统和湿地等生态系统相比,草地生态系统服务功能研究目前仍然存在诸多问题和不足。

1997 年 Sala 等在"Ecosystem Services in Grasslands"中专门就草地生态系统服务功能的特点进行了总结探讨,作者专门针对草地生态系统中因没有市场价值而存在评价困难的服务功能展开,主要包括维持大气组分、基因库、改善气候、保持土壤 4 个方面的功能,并对部分功能的生态经济价值进行了评价。Costanza 等 1998 年在 Nature 上发表文章介绍了他们在使用全球静态部分平衡模型计算全球生态服务价值方面的研究成果。Costanza 等在对全球生态系统服务价值进行估算的同时对草地生态系统服务功能价值也进行了估算,得出草地生态系统服务功能的价值为 9.06×10^{11} 美元/年,占全球生态系统服务总价值的 2.72%,占陆地生态系统总价值的 7.3%。

2. 国内研究进展

我国生态系统服务功能及其价值评估研究可以追溯到 20 世纪 80 年代开展的森林资源价值核算工作。1980 年经济学家许涤新就指出应当注意把经济平衡、经济效益同生态平衡、生态效益结合起来,并率先开展生态经济学的研究工作,首次将生态与经济结合起来,核算森林资源的价值。1982 年,张嘉宾等估算了云南怒江、福贡等县的森林涵养水源的价值为 142 元/(亩·年),森林维持土壤功能的价值为 154 元/(亩·年)。1983 年中国林学会开展了森林综合效益评价研究,1988 年国务院发展研究中心首次尝试进行了"资源核算纳入国民经济核算体系"的研究,确立了资源价值核算的基本理论和计算公式,推动了资源价值核算研究工作的快速发展(李金昌,1991)。

20 世纪 90 年代中期开始,我国的生态学者开始系统地进行生态系统服务功能及其价值评估的研究工作。最初的研究多是对国外生态系统服务功能概念、内涵、评估方法的介绍以及对生态系统服务功能理论探讨。后来,部分学者,如欧阳志云等(2000)、辛琨等(2000)、谢高地等(2001a)在借鉴国外研究成果的基础上详细提出了自己的生态系统服务的定义、内涵、分类和价值评估方法,并系统地分析生态系统服务的研究进展与发展趋势;赵景柱等(2000)比较、评价了对生态系统服务的物质量评价和价值量评价这两类方法;李双成等(2002;2001)提出了在生态系统服务价值评估过程中的自上而下、自下而上两种工作范式及其整合模式,还对环境与生态系统生态服务空间流转和其价值异地实现的特性进行了研究;张志强等(2000a)在对生态系统服务核算方法进行探讨的基础上,详细介绍了条件价值法(contingent value method)的理论基础和应用。

在理论探讨的同时,国内一些学者开始对一些典型生态系统服务功能进行评估。比较有代表意义的有,侯元兆等(1995)第一次比较全面地对中国森林资源在涵养水源、保育土壤、固碳供氧方面的价值进行了评估;欧阳志云等(2000)以生态系统为例,探讨了中国生物多样性间接价值;郭中伟等(1998)、薛达元(1999)等对部分地区的森林生态系统的部分功能进行了价值评估;李金昌(1999)还出版了《生态价位论》,全面总结了森林生态服务价值计量的理论和方法,并提出了用社会发展阶段系数来校正生态价值核算结果;周晓峰等(1998)利用生态定位观测资料对黑龙江省及全国的森林资源生态系统公益价值进行了估算;郭中伟等(2001;1997)在大量实地观测的基础上,对神农架地区兴山县的森林生态系统调节水量的经济价值进行了系统评估;此外,蒋延玲等(1998)、陈仲新等(2000)、宗跃光等(2000)分别对长白山地区森林的旅游价值和生物多样性的存在价值、我国 38 种主要森林类型生态系统服务功能的总价值和中国生态系统功能与效益进行了价值估算。

　　我国草地资源丰富,是陆地面积最大的生态系统类型,总面积达 3.9×10^8 hm^2,占世界草地总面积的 13%。草地生态系统对整个自然生态系统具有非常特殊的生态意义。草地生态系统对发展畜牧业、提供珍稀动植物资源、防止水土流失、环境净化、调节气候,维持我国自然生态系统格局、功能、过程,保证生态系统的健康发展(尤其是在干旱、高寒和其他生境脆弱地区)起到了关键性的作用。不少学者对我国草地生态系统服务功能进行了研究。刘起(1998)按照替代市场法简单计算了我国草地生态系统的主要服务功能的价值总计为 42 000 亿元;欧阳志云等(2000)从生态系统的服务功能着手,采用影子价格和替代工程等方法,分析计算了包括草地在内的中国陆地生态系统服务功能的主要价值;欧阳志云等(2000)、谢高地等(2001b)对全国自然草地生态系统服务价值进行了估算,参照 Constaza 等提出的方法,在对草地生态系统服务价值根据其生物量订正的基础上,逐项估计了各类草地生态系统的各项生态系统服务价值,得出全国草地生态系统每年的服务价值为 1 497.9 亿美元;闵庆文等(2005)运用能值理论与方法对青海草地生态系统服务功能价值进行了评估(由于草地土壤结构复杂,因而对其资本价值未进行评估),结果表明,青海省草地生态系统服务功能的价值约为 204 亿美元/年,自然资本的价值约为 400 亿美元/年;赵同谦(2004)等对我国草地的 6 项间接功能进行了评估,结果表明,我国草地生态系统的年间接价值约为 8 803.01 亿元,年直接价值约为 1 952.98 亿元,年总价值约 10 756 亿元;同时,闵庆文等(2004)参照 Constaza 等的思路与方法,对内蒙古典型草原生态系统进行了评估,结果表明,内蒙古典型草原生态系统服务功能气体调节价值约 272.3 亿元/年,占 8.19%,水土保持价值约 2 988 亿元/年,占 89.84%,总经济价值为 3 325.9 亿元/年,该研究说明草原生态系统提供的生态服务具有非常巨大的经济价值,草原具有十分重要的水土保持和气候调节功能。

　　对上述研究进行分析比较不难看出,目前对草地生态系统价值评估还只是保守或粗略的估算,往往都是对部分价值进行评估,没有对草地生态系统的全部价值或真实价值进行评估;同时,由于研究角度、评价方法、草地类型和分布空间不同,结论也大相径庭。例如,对全国草地生态系统的价值评估,李文华等估算出的全国草地生态系统总价值约为 12 403 亿元/年,赵同谦等(2004)的结果为 10 756 亿元/年,他们的结果和刘起等计算的结果(42 000 亿元)相差甚大。对草地生态系统主要服务功能也存在不同的观点,一些学者认为草地生态系统的主要功能是水土保持和气候调节,另外一些学者则认为草地生态系统的主要功能是废物处理。因此,我们对评估结论的可靠性要持一定的谨慎态度,避免因夸大或缩小价值而给草地生态系统作用的定位、恢复及利用等带来理论上的矛盾和实践中的冲突(王蕾,2006)。

1.5　生态安全研究的理论与方法

1.5.1　生态安全的概念

针对生态安全的定义,许多学者从不同学科、不同层次出发,进行了不同的描述,到目前为止,对这一概念尚没有一个准确、公认的界定。1948 年 7 月 13 日,联合国教科文组织的 8 名社会科学家,共同发表的《社会科学家争取和平的呼吁》提出以国际合作为前提,在全球范围内进行科学调查研究,解决现代社会重大问题,被认为是现代生态安全的雏形。1977 年,美国学者 Lester(1977)发表了《重新界定国家安全》,该文从生态安全角度对国家安全进行了界定;1983 年,查理德·乌尔曼指出"人口的增长以及伴随的对资源的竞争和跨界移民问题会产生严重的冲突",他认为贫穷会导致第三世界国家的武力冲突和非法移民,环境退化问题"可能是第三世界国家政府在处理与先进的工业化国家的关系时更具有军事上的对抗性"。美国环境学家 Norman Myers 是生态安全概念发展和宣扬的先行者之一,在他发表的学术期刊和参加的安全分析研讨会上多次提出生态安全,他在《最后的安全》中为了证明生态环境退化,即生态不安全,将会牵连到经济和政治的不安全,分析大量案例,如地区资源战和全球生态威胁等焦点问题。世界环境与发展委员会(World Enviromnent and Development Commissions)1987 年发表的《我们共同的未来》一书,在第十一章"和平、安全、发展和环境"对环境安全问题做了比较全面的介绍。1989 年,国际应用系统分析研究所(International Institute for Applied System Analysis,IASA)在建立全球生态安全监测系统时正式提出"生态安全"的概念,指出广义的生态安全是指在人们的生活、健康、安乐、基本权利、生活保障来源、必要资源、社会秩序和人类适应环境变化的能力等方面不受威胁的状态,包括自然生态安全、经济生态安全和社会生态安全三大方面的内容;狭义的生态安全指以人类赖以生存的自然和半自然生态系统的安全为主体,反映生态系统的完整性和整体健康水平;1992 年联合国环境与发展高峰会议上正式提出"生态安全",更多学者参加研究,研究得更深更细。

Jessica 等(1989)提出国家安全的定义应该扩展到包括资源、环境和人口的问题;1993 年美国著名环境学家 Norman Myers 指出生态安全是地区的资源战争和全球的生态威胁而引起的环境退化,继而波及经济和政治的不安全,并在学术期刊和国际会议上广泛宣传生态安全概念;Katrina 等(1997)认为生态安全包括人类和自然两个方面,即社会的物理环境除了满足居住者的需要外,还不能削弱其自然储量的状态;Litfin(1999)分析了环境安全与生态安全之间的关系;Alcamo 等(2001)根据全球 1905~1995 年出现的环境问题(洪水、旱灾、空气污染事件等),建立起了全球环境变化与人类安全之间的定量关系——GLASS(global assessment of security)模型;2002 年,在南非约翰内斯堡举办的全球环境与发展峰会上讨论了生态(环境)安全和资源安全;2009 年 12 月,联合国气候变化大会在丹麦哥本哈根开幕,这次会议被喻为拯救人类的最后一次机会,各国首脑主要磋商如何解决全球日益严重的气候变化和生态安全问题。

国内 20 世纪 90 年代后期才提出生态安全的概念,在 2000 年国务院发布的《全国生态环境保护纲要》中,首次明确提出将生态安全作为环境保护的目标,纳入国家安全的范畴,并强调生态保护必须"以实施可持续发展战略和促进经济增长方式转变为中心,以改善生态环境质量和维护国家生态环境安全为目标"(程漱兰等,1999)。郭中伟(2001)将生态安全定义为两个方面:一是生态系统自身是否安全,即其自身结构是否受到破坏;二是生态系统对于人类是否安全,即生态系统所提供的服务是否能提供足以维持人类生存的可靠生态保障。曲格平(2002)认为生态安全包含两层基本含义:一是防止环境污染和自然生态退化削弱经济可持续发展的支撑能力;二是防止环境问题引发人民群众的不满,特别是防止环境难民的大量产生,从而避免影响社会安定。陈国阶认为生态安全分为广义和狭义两种,广义的生态安全包括生物细胞、组织、个体、种群、群落、生态系统、生态景观、生态区、陆海生态及人类生态;狭义的生态安全则指人类生存环境处于健康可持续发展的状态。目前,国内外学者大多从狭义的角度来理解生态安全,主要围绕生态系统自身或生态环境来阐述。例如,肖笃宁等(2002)从生态环境角度出发,认为生态安全是维护地区或国家乃至全球的生态环境不受威胁的状态,能为整个生态经济系统的安全和持续发展提供生态保障;左伟认为一个国家或区域生态安全是指其生态环境处于不受或少受破坏与威胁的状态,即处于安全的状态,自然生态环境既能满足人类和生物群落的持续生存与发展,又不损害自身的潜力(左伟等,2003);王根绪等(2003)认为生态安全是以人类社会的可持续发展为目的,包括环境安全、生物安全和生态系统安全三个方面,生态系统安全是其中最核心、最基础的部分,包括系统健康和系统风险两方面;陈东景等(2002)认为生态安全是指某一地区、某一国家甚至全球的生态环境处于不受威胁的状态,成为整个生态经济系统的安全和持续发展的生态保障;崔胜辉等(2005)认为区域生态安全的本质包括生态风险和生态脆弱性两方面,生态脆弱性是生态安全的核心。

总结国内外学者的观点,生态安全的概念有广义和狭义之分,广义的生态安全是指在人的生活、健康、安乐、基本权利、生活保障来源、必要资源、社会秩序和人类适应环境变化的能力等方面不受威胁的状态,包括自然生态安全、经济生态安全和社会生态安全,总称为生态安全,即安全的主体是自然-经济-社会复合生态系统的安全,强调自然生态系统功能与人类社会经济活动的关系。狭义的生态安全是指自然和半自然生态系统的安全,生态系统自身安全,处于不受威胁的状态、其生态过程连续、结构稳定和生态功能完整。

1.5.2　生态安全评价方法

20 世纪 80 年代以来,生态安全评价逐渐成为生态系统以及区域环境管理的热点问题,国内外学者相继提出了一些定量与定性的评价方法。同时,近年来围绕生态安全评价,采用多种方法对不同尺度区域做了大量工作。从文献来看,目前生态安全评价采用的方法大致包括综合指数评价方法、生态模型方法、景观生态学方法、生态承载力分析法、经济评价方法等。

1. 综合指数评价方法

综合指数评价方法是指在确定一套合理的生态安全评价指标体系的基础上,对各项生态安全指标个体指数加权平均,计算出生态系统综合值,用以综合评价生态安全的一种方法。综合指数评价方法最大的优点是操作起来简单易行,且评价结果直观,能较完整地反映研究对象的性质;但是该方法存在评价指标体系和权重确定时的主观性,有时可能会掩盖某些重要的因子,致使结果偏离事实。综合指数评价方法相对简单,但在建立指标体系、评价基准值或进行综合指数分级处理时存在一定的主观性,难以反映系统本质。

2. 生态模型方法

近 30 年来,生态模型的研究突飞猛进,许多综合性较强的复杂的多功能生态模型已经建立并应用,将一些成熟的生态模型运用到生态安全问题的研究也成为近年来生态安全评价最具活力的方向。主要有个体与群落尺度上的模型、生态系统尺度上的模型和生境、区域以及景观尺度上的模型。这些模型是针对不同尺度的评价对象建立起来的,主要集中在污染物分布及毒害作用、水生态系统、森林生态变化等方面的模型建立。比较有代表性的模型有 IBMS 模型、贝叶斯模型、GAP 模型、BACHMAP 模型、ECOI-ECON 模型和 DISPATLH 模型等。在风险评价中,生态模型可用于设计或预测未来潜在风险(如气候变化等),同时风险评价与管理者可借助生态模型重建过去的生态影响;Barmhouse 曾对生态风险评价数学模型的作用与发展进行过较为全面的综述,强调了个体和区域两种尺度上用于生态风险评价与管理的生态模型。在生态健康评价中,生态模型可模拟健康突变的毒害界限和某一环境下系统健康要素的变化过程。随着生态安全问题研究的不断深入,生态数学模型在生态安全评价研究中所起的作用越来越重要,生态模型法评价不同尺度的生态安全问题将是未来重要的发展方向。

3. 景观生态学方法

近年来,景观生态学方法逐渐成为区域生态安全研究的重要手段,该方法是将生态安全评估-安全预测-预警三个环节统一起来,构成生态安全研究的完整体系,在国家和地区乃至全球层面上,该方法有着巨大的发展前景。景观生态学方法能在充分利用 GIS 技术和遥感影像数据的基础上,有效地将过程与状态相结合,并通过把空间结构与功能、格局与生态流的结合,分析生态安全涉及的许多问题,如生态系统功能、生物多样性等。土地利用(land use)是区域生态安全的主要影响因素,景观格局分析可以有效揭示土地利用对生态空间稳定性的作用,并将空间格局变化与全球变化相联系,从空间尺度上研究生态安全问题。

4. 生态承载力分析法

该方法是在资源环境承载力基础上发展起来的。生态承载力概念是近年来在区域可持续发展领域备受关注的问题,其研究方法分为状态空间法和生态经济法两大类。状态空间法利用空间中的原点同系统状态点所构成的矢量模数表示区域承载力的大小。考虑到资源环境各要素和人类活动影响对区域生态承载力的作用不同,且生态系统间复杂的相互作用使得矢量模数比较复杂,因此近年来空间状态法与系统动力学和综合指数法相结合成为该方法的发展趋势。生态经济学方法是国内外分析生态承载力最为热门的方向之一,其中以生态足迹分析法最具代表性。该方法以计算出一个国家或地区维持资源消费和废弃物吸收所需要的土地面积,通过对资源与能源消费同其所拥有的资源与能源的比较,判断该国家或地区的发展是否处于生态承载力范围内,判断其生态系统是否安全。从文献看,目前采用生态足迹理论方法对生态承载力和生态安全研究已较广泛。同时,基于生态经济系统的热力学特征提出的能值分析方法,在生态承载力研究中应用也较广泛。它把生态经济系统中不同种类、不可比较的能量转换成同一标准的能值,来衡量生态系统运行和发展的可持续性。

5. 经济评价方法

经济评价方法主要包括比较法、部门产出法和最优化综合评价法。比较法是选取生态系统的一组特征变量与另一"纯天然"或"未受干扰"的系统的相应特征变量进行比较,以此来判断该生态系统的天然程度,天然程度越大,生态系统越安全。该方法的最大优点是操作简单,但是存在明显的缺陷:①很难找出一个"纯天然"或"未受干扰"的参照系来进行比较,甚至是小可能的;②这种比较方法会将所有的人工生态系统判定为不安全或安全度低。

部门产出法是根据部门产出率与生态系统安全度的相关性来测定生态安全的,是一种间接度量生态安全的方法。该方法的缺点是仅仅关注直接的产出成果而忽视了产出本身对生态系统的其他影响,部门产出率高低与生态安全度高低并不一定成正相关关系,采用部门产出法评价生态安全具有局限性和片面性。

最优化综合评价法的基本思想是实现多目标组合的最优化,据此判定生态系统的安全状况,目标设定既包括生态系统的直接生产能力,也包括生态系统的间接生产能力。该方法体现了生态系统功能的整体性。对生态系统进行整体评价和管理,同时还能够整合社会、经济和环境等多方面的信息,因而将人类需求与生态系统的服务功能紧密地联系起来。

虽然生态安全评价方法的总体思路已经很明确,并涉及数学、经济学和景观学等多学科领域,但是具体操作方法多处于探索阶段,存在较多不完善的地方。因此,在具体研究过程中,应该根据研究尺度和研究内容将这些方法有所取舍,根据取长补短的原则将这些方法渗透到生态安全评价的过程中。

1.5.3 国内外研究进展

1. 生态安全研究进展

草原生态安全研究是生态安全研究的重要组成部分。草原生态安全评价应以草地自然生态系统的状态和功能评价为切入点,结合具体区域的社会经济发展状况,探讨草原地区发展的整体安全状况,即讨论具体区域草原经济社会复合生态系统的安全程度,是广义的生态安全研究。草地生态安全是在具体的时空范围内,在现有的自然环境压力和社会经济压力以及人类的积极响应之下,草地生态系统的内在结构、功能和外部表现及其所能提供的生态服务对人类生存和社会经济持续发展的支持和影响,使人类的生活、生产、健康和发展不受威胁的一种状态。目前,还未见到国外关于草原生态安全的概念及内涵的阐述,而在国内一般是根据生态安全的内涵和主要研究内容给出草原生态安全的定义。例如,胡秀芳等(2007)在研究草原生态安全时指出,生态安全是自然环境安全、人类生存与发展需求的满足,以及社会经济和人类持续发展之间相互推动、相互促进,并达到动态平衡与协调的状态。而对于草原生态安全评价则应以草原自然生态系统的状态和功能评价为切入点,结合具体区域的社会经济状况,探讨草原地区发展的整体安全状况,即讨论具体区域草原-经济社会复合生态系统的安全程度。其具体定义为,在具体时空范围内,草原生态系统的内在结构、功能和外部表现,在现有的自然环境和社会经济压力以及人类的积极响应下,其所能提供的生态服务对人类生存和社会经济持续发展的支持和影响,使人类的生活、生产、健康和发展不受威胁的一种状态。赵有益等(2008)将国内外学者对生态安全内涵的不同理解归纳为三个方面:①保持生态系统的生命力和系统内生物与生物、生物与生态系统之间结构的稳定与持续性;②维持生态系统的信息、能量等生态功能的完整性;③生态系统具有对外来压力、干扰或威胁的抵抗力。这三方面包括生态健康、生态服务功能和生态风险问题。在此基础上,认为草地生态安全是指草地生态系统在一定时空尺度上,具有草地生态健康的活力、组织结构和恢复力的自身稳定性,具有在生态过程中为人类提供完善服务(包括直接服务和间接服务)的能力,具有对自然、社会和人为干扰的潜在生态风险的自我抵抗能力,是草地健康成长、可持续利用的和谐状态。

2. 生态安全评价

生态安全评价指对人类赖以生存的自然生态环境系统与社会经济系统是否完整和健康,以及是否受威胁的状态进行评估。它是一项操作性极强的具体工作,是生态安全研究的基础和核心。

国外生态安全评价始于 20 世纪 80 年代初,1990 年,经济合作与发展组织(Organization for Economic Cooperation and Development)开展了生态环境评价指标研究项目,首创了"压力-状态-响应"(PSR)评价模型。此后,人们对该模型进行了推广,建立了针对不同问题的 PSR 模型。1993 年,美国环保局开展的环境监测和评价项目成为生态安全评价的代表,该项目根据环境过程自身的特点,选择了利于环境管理实施要求的评价单元——州和小流域,进行环境监测和生态评价(Michael et al.,2000;Eliazbeth,2000)。1994 年,美国开展了南阿巴拉契亚的生态环境监测评价工作(the South Appalachian assessment,SAA),对 6 个州部分区域的生态条件进行了描述性评价。Whitford 等(1995)以美国新墨西哥州沙漠北部草原生态系统为例,选择抑制性和恢复性为生态系统健康适宜性的主要评价指标,分析草原生态系统抵抗力和恢复力的影响因素,提出抵抗力和恢复力可以较好地反映生态系统健康状况,因而可以作为评价的重要度量指标。1996年,联合国可持续发展委员会(Commissionon Sustainable Development)提出"驱动力-状态-响应"(DSR)指标体系概念模型,包括社会、经济、环境和机构等 4 类 134 个指标,该模型是以 PSR 模型为基础扩充发展而成的。Wackemagel 等(1996)提出了"生态足迹"概念和模型。1996 年,美国农业部森林局(Forest Service,FS)和美国内务部土地管理局

(Bureau of Land Management，BLM)开展了哥伦比亚河盆地生态系统的科学评价(interior Columbia River Basin scientific assessment)，其成果包括哥伦比亚河盆地的生态系统管理框架和综合评价。1997年美国环境保护局、华盛顿研究与发展办公室等联合单位采用9个指数、32个指标，作为亚特兰大地区生态系统健康评价指标体系，并用聚类分析法对亚特兰大各小流域的生态状况进行分区分析；Rapport等(1998)选用8类指标来评价生态系统健康状况，包括生态系统活力、恢复力、系统组织结构、维护生态系统服务功能、选择管理、减少外部输入、对相邻系统的危害和人类健康的影响；CASM(Steven et al.，1999)选用的指标包括初级生产者、消费者种群、水质和系统尺度四方面的参数；Steven等(1999)采用综合水生系统模型，评价了有毒化学品对加拿大魁北克省的河流、湖泊和水库造成的生态风险；1999年，欧洲环境局综合压力-状态-响应模型和驱动力-状态-响应模型的优点而建立起来的解决环境问题的管理模型，已逐渐成为判定环境状态与环境问题因果关系的有效工具；Thomas等(2001)从生态安全的角度选取了11个指标，对哥伦比亚河流域的生态安全性进行了评估；Wei等(2001)采用农业生态系统结构、功能、组织和动态作为农业生态系统健康评价指标。

国内生态安全评价研究工作起步较晚，1999年之前取得的相关成果主要是借用国外的研究方法和经验评价工程、生物物种及其保护的生态安全。从1999年至今，探讨生态安全评价方法并用其对具体区域进行评价分析的研究成果逐渐增多。目前，国内生态安全研究方法有定性研究和定量研究两种。定量研究主要确定评价指标体系，建立评价模型，运用模型进行评价和预警研究。刘沛林(2000)分析了引发长江水灾的主要原因，阐述了加强国家生态安全体系建设的重要性。吴国庆(2001)以浙江省嘉兴市为例，在分析农业生态安全评价的基本过程和方法的基础上，建立了评价指标体系(资源生态环境压力、质量和保护整治能力)和评价模型，并对浙江省嘉兴市农业生态安全进行了评价。左伟等(2002)扩展了PSR框架模型，建立了区域生态安全评价的指标体系和评价标准。周金星等(2003)以多伦地区为例，选取了土壤有机质含量、植被盖度、降雨量和土壤黏粒含量为荒漠化地区生态安全评价的具体指标，采用关联度分析方法，确定指标的权重，计算了各个因子对生态安全的影响程度，并采用GIS平台得到了多伦地区的生态安全评价图。谢花林等(2004)选取了涉及资源环境压力、资源环境状态、人文环境响应三方面14个反映城市生态安全水平的指标，建立了类型识别的物元评判模型，对10个城市的生态安全状况进行了评价，验证了评价结果基本与实地相符，说明建立的物元评判模型是可行的。卢金发等(2004)以锡林浩特市作为研究区域，从起沙角度出发，借鉴风蚀理论，建立了包括土壤粒径组成、有机质含量、植被覆盖度及水分条件4个生态安全评价指标，用模糊关联法估算出各指标与生态安全的关联度，计算了44个样地的生态安全系数；利用GIS技术和模糊聚类法，评定了样地生态安全等级，编制了研究区生态安全评价图。任志远等(2005)利用生态足迹的理论与方法，提出了生态压力指数的概念，建立了生态压力指数测算模型和生态安全等级划分体系，测算和分析了1986～2002年陕西省三大自然区(陕北黄土高原、关中渭河盆地、陕南秦巴山区)的生态安全状况。李苏楠等(2005)用生态安全的压力-状态-响应模型和层次分析法建立了西藏曲松县生态安全评价体系，综合评价了曲松县生态安全现状,结果表明当前曲松县生态安全状况处于预警状态,生态环境问题已成为制约当地经济发展和社会进步的主要因素。高吉喜等(2007)从评价对象、评价内容和评价方法等方面分析了流域生态安全评价的关键问题,指出流域生态安全评价应以人为主体对象,在流域、生态系统等不同层次上开展动态评价;提出流域生态安全评价不仅要考虑功能安全,而且要考虑结构安全,在评价方法上,要从压力-状态-响应三个方面进行评价,全面、综合和及早地反映流域的生态安全状况,在此基础上,以云南纵向岭谷区为例,建立了包括结构指标、功能指标和压力与状态响应指标在内的流域生态安全评价指标体系,对纵向岭谷区的生态安全状况进行了综合分析评价。钟祥浩等(2010)等采用3S技术、野外调查和数理统计相结合的方法,系统调查与评价了西藏生态环境问题与成因、经济社会发展对生态环境的影响、生态系统服务功能重要性区域分异、生态承载力与生态风险对生态安全的影响。

　　草地生态安全评价的例子较少。王强等(2003)选取了草地生态系统安全、环境安全、生物安全共19个指标,通过综合分析法来评定草地生态安全状况,划分生态安全级别及其分区,在此基础上提出了我国草地系统生态安全的评价体系;胡秀芳(2004)利用GIS的VB开发平台,将GIS与模糊综合评价模型相结合,建立草原生态安全评价数据库,在GIS软件中实现评价数据的管理和查询,然后将数据库中的数据输入模型分析模块,进行草原生态安全的模糊评价分析,最后利用GIS的专题制图功能实现了评价结果的可视化;贾艳红等(2006)基于P-S-R概念框架模型,构建了甘肃牧区草原生态安全评价指标体系,利用摘权法对所选指标赋权重,结合综合指数法,计算出牧区9个县的生态安全综合指数值,并按大小对其进行排序;屈芳青等(2007)基于RS和GIS技术,利用若尔盖草原1995年、2000年、2004年土地利用变化数据和相关社会经济资料,选取了23项评价指标,以模糊数学模型中的层次分析法,应用最大隶属度原则对若尔盖草原生态安全做了评价,并用Markov模型对2010年的生态安全状况做了预测分析;金樑等(2006)专门针对西北草地生态系统生态安全评价指标体系构建问题做了探讨,从人类活动、草地生态系统功能、植被群落动态、气候变化、土壤条件、有害生物6个方面选取指标,其中包括实际载畜量、产草量、草原退化面积、草地破坏面积、物种多样性、杂草密度、外来生物种数以及反映草原群落组成和特征的指标(如优势物种、伴生物种、盖度、多度、频度、优势度等);杨齐等(2008)等应用生态足迹法研究了新疆阜康市总体生态安全以及草地生态安全状况,剖析了阜康市草地生态赤字的成因,并在此基础上提出了应对策略。赵有益等(2008)指出草原生态安全评价应该包括草地生态系统健康、草地生态系统服务功能及生态风险与管理,并提出了草地生态系统安全评价的健康-服务功能-风险与管理(health,service,risk and management,HSRM)模型,基于这三个方面,建立了评价指标体系,其中,反映草地生态系统健康的指标有光合效率、土壤条件、生物多样性、物种丰富度、群落特征等;反映草地生态系统服务功能的指标有涵养水源、气候调节、水土保持、休闲娱乐、民族文化功能、畜产品等;反映生态风险与管理的指标有毒草、杂草入侵、病虫鼠害、草地管理投资、草地保护意识等;此外,还提出了草原生态安全度的计算公式。赵军等(2010)以生态环境的驱动力-状态-响应模型为指导,构建由21个具体指标组成的多层次指标体系,采用模糊评价方法对天祝高寒草原生态安全状况进行评价。在 GIS 软件支持下,利用天祝高寒草原地区地图数据、遥感数据、观测数据和统计数据,采用信息图谱方法生成天祝高寒草原水热和土地条件图谱、以乡镇为指标分级分类单元的评价指标图谱和基于模糊评价模型的安全评价结果图谱。

总的来看,生态安全的研究虽然取得了一定的进步,但由于其研究历史短暂,生态安全研究还处在探索阶段,生态安全的概念还没有统一的认识,还没有形成一套严谨的理论体系,生态安全的评价指标体系及评价方法仍需进一步探索。

3. 生态足迹研究进展

生态足迹分析方法(ecological foot print analysis approach)是最早由加拿大英属哥伦比亚大学教授、生态经济学家 William 于 1992 年提出,并在 1996 年由其博士生 Mathis Wackernagel 教授完善的一种衡量人类对自然资源利用程度以及自然界为人类提供的生命支持服务功能的方法;是用生物生产性土地面积表达特定的经济系统和人口对自然资源的消费量,并与该地区实际的生态供给能力相比较来判断该地区的发展是否处于生态承载力的安全范围之内,即衡量地区的可持续发展程度的一种新方法。它的基本思想是,自然界直接或间接提供了人类所消费的各种产品、资源和服务,人类的每一项消费最终都可以追溯到提供该产品、资源和服务所需的生物生产性土地的面积上。因此,理论上人类的所有消费都可以折算成相应的生物生产性土地的面积,也就是人类的生态足迹。用区域能够提供的生物生产性土地面积表征区域生态承载力(ecological capacity),又叫生态容量(biocapacity),通过比较两者的供求状况,可以衡量和分析区域的可持续状况。由于该方法具有模型直观、综合性和可操作性强、可以进行全球性比较等优点,引起可持续发展研究领域学者的广泛关注并不断加以发展和完善。目前,对于全球及国家账户的研究比较充分,例如,Wackernagel 等(1999)曾应用综合法对 52 个国家或地区 1993 年的生态足迹进行了计算。结果发现 52 个国家或地区中只有 12 个国家或地区的人均生态足迹低于人均生态承载力,有 35 个国家或地区存在生态赤字。从全球来说,人类的生态足迹已经超过了生态承载力。生态足迹最大的是美国,人均 10.9 hm^2;其次是中国、俄罗斯、日本和印度。孟加拉国的生态足迹最低,人均仅 0.6 hm^2。中国 1993 年的人均生态足迹为 1.2 hm^2,而人均生态承载力仅为 0.8 hm^2,人均生态赤字为 0.4 hm^2。2000 年,美国可持续发展指标研究计划小组成立的发展重定义组织(Redefining Progress)采用 1996 年的数据,对 152 个国家或地区的生态足迹和生态承载力进行了计算,该研究覆盖了世界人口的 99.7%,这些国家或地区使用 1.63×10^{12} hm^2 的生态足迹,却只能够提供 1.22×10^{12} hm^2 的生态承载力,超载 34%。从 2000 年开始,世界自然基金会(World Wide Fund for Nature,WWF)与联合国环境规划署(United Nations Environment Programme,UNEP)、世界保护监测中心(World Conservation Monitoring Centre,WCMC)、全球足迹网络(Global Footprint Network,GFN)每两年联合发布的《生命行星报告》中公布一次包括我国在内的部分国家和地区的生态足迹研究结果,如《生命行星报告 2006》比较了 147 个国家和地区的生态足迹,探讨人类对这个有限星球的影响。报告指出:2003 年全球人类的生态足迹为 141 亿全球公顷(global hectare),人均足迹为 2.23 全球公顷。2003 年,全球生物生产性面积总量为 112 亿全球公顷,人均拥有的生态承载力约为 1.78 全球公顷。也就是说,人类的需求已经超过地球供给能力的 1.25 倍以上,人类过度地消耗着自然资源,即当代人正在消耗未来人类的资源,人类发展的代际不公平加剧。《生命行星报告 2012》称自从 1966 年以来,全球"生态足迹"快速增长,已经翻了一倍,人类在过度地消耗自然资源,人类发展的代际不公平不断加剧,当代人正在消耗未来人类的资源,人类社会的发展处于不可持续状态。GFN(2005)在《国家生态足迹和生态承载力账户 2005 版》计算了 1999 年、2001 年、2002 年的全球生态足迹和生态承载力;1999 年全球人均生态足迹和生态承载力分别为 2.28 全球公顷和 1.90 全球公顷;2001 年和 2002 年人均生态足迹和生态承载力分别为 2.2 全球公顷和 1.8 全球公顷。从计算结果来看,生态足迹大于生态承载力,全球处于生态赤字状态。全球依赖化石能源、矿藏等自然资本存量来维持发展。2001 年、2002 年全球生态足迹虽有下降,但下降幅度比生态承载力的下降幅度小,说明经济社会发展的不可持续状态正在进一步恶化。2006 年 4 月 19 日公布的《亚太区 2005 生态足迹与自然财富报告》显示,亚太区人民耗损资源的速度接近该地区自然资源复原速度的两倍,而居住在该地区的人类所需的地球资源比该地区生态系统可提供的资源量高出 1.7 倍。从 1961 年到 2001 年,中国人均生态足迹的增长几乎超出了原来的一倍。亚洲整体生态足迹对全球影响深远,但欧洲人和北美洲人的平均足迹仍比亚洲人高 3~7 倍。

在国家、地区尺度上,Folke 等(1997)计算了欧洲波罗的海流域 29 个大城市的生态足迹,计算得出占波罗的海流域面积 0.1% 的这些城市,其生态足迹至少需要整个波罗的海流域的 75%~150% 的生态系统,是这些城市面积的 565~1130 倍,全球 744 座大城市中生活的占全球 20% 的人口的海产品消费占用了全球 25% 的生产性海洋生态系统,要消纳这些城市排除的 CO_2,需要全球森林全部碳汇能力再增加 10%。Wackernagel 等(1999)将生态足迹指标应用于瑞典及其亚区,改进了生态足迹与生态承载力的计算方法;具体地说明森林、可耕土地、牧场和海洋相对的区域生物产量承载能力(均用世界平均单位产量来表示),并且把它们作为生态足迹和生态承载能力的普通单位来使用;计算 CO_2 排放量来反映燃料消耗;利用 IPCC 公布的最新数据,评估森林的 CO_2 吸收量和木材产量的世界平均值;开始包括对淡水的生产和保护所需的基于流域的面积进行评估,减少氮和磷的负载量。Vuuren 等(2000)计算分析了贝宁、不丹、哥斯达黎加和荷兰等国家的生态足迹,将合计指标分为土地利用和 CO_2 用地两个指标,从而避免了指标综合过程中的误差,加强了对政策的指导意义。Wackernagel 等(2004a)对菲律宾、韩国、奥地利三国 1961~1999 年的传统生态足迹和"实际土地面积需求"进行计算,并对两种方法的计算结果进行了比较。

生态足迹计算方法,可以分为综合法、成分法和投入产出法。综合法由 Wackernage(2004a;1999;1997)提出,后经 Wackernagel 等(2004b)的不断改进,日趋完善。综合法采用自上而下的方法搜集国家级的统计数据来进行生态足迹计算,通常用于国家层面的比较。人类社会的发展处于不可持续状态。Bicknell 等(1998)和 Lenzen 等(2001)等用综合法分别分析了新西兰、澳大利亚的生态足迹。成分法由 Simmons 等在 2000 年提出,后经 Barrett 等逐步完善。Barrett 等(2001)曾运用 29 种成分分析了 York 城的物流和生态足迹。1931 年,美国经济学家 Wassily Leontief 提出的投入产出分析法是一种经济数量分析方法。Bicknell 等(1998)首次将投入产出法应用于生态足迹核算中,并利用 1991 年80 个部门的投入产出表计算了新西兰的生态足迹。计算结果表明,1991 年新西兰的人均生态足迹为 3.5 hm²,而世界平均水平仅为 1.8 hm²。因此,新西兰处于生态赤字状态,其很大程度上依赖于对资源的进口。世界自然基金会和中国环境与发展国际合作委员会(China Council for International Cooperation on Environment and Development)自 2008年起每隔两年共同发布《中国生态足迹报告》。报告发现,中国的人均生态足迹仍在世界上居于较低水平。《中国生态足迹报告 2008》称自从 20 世纪 60 年代以来,中国的人均生态足迹持续增长了约两倍。作为一个国家,中国消耗了全球生物承载力的 15%,尽管生物承载力不断增加,中国的需求仍是其自身生态系统可持续供应能力的两倍多。2003 年中国的人均生态足迹仅为 1.6 全球公顷,远低于 2.2 全球公顷/人的世界平均水平。但中国所能提供的自然资源经计算仅为人均 0.8 全球公顷。中国的人均生态足迹在 147 个国家中列第 69 位,这个数字低于 2.2 全球公顷的全球平均生态足迹。美国在这项指标中排名世界第二,阿联酋高居第一,日本则位列第 27 位。为了弥补其中部分缺口,中国从加拿大、印度及美国等国家进口原材料。但研究发现,其中部分原材料随后又通过制成品的形式再出口到西方国家,这使得中国成为自然资源的净出口国。《中国生态足迹报告 2012》指出:2008 年,中国人均生态足迹为 2.1 全球公顷,是全球平均水平的 80% 左右,但是中国生物承载力的两倍多。尽管人均低于全球平均水平,由于人口数量大,中国的生态足迹总量是全球各国中最大的。中国生态足迹与生物承载力呈现不均匀分布。人均生态足迹的区域差异主要在于东部省份与中西部省份之间;人均生物承载力以人口黑河-腾冲线为分水岭,该线以西省份的人均生物承载力相对较高,以东省份的人均生物承载力较低。

投入产出法利用里昂逆矩阵得到产品与其物质投入之间的物理转换关系,计算经济变化对环境产生的直接和间接影响,反映各生产部门的生态影响细节。投入产出法包含服务部门的投入,因此较其他方法的计算更完整和准确。Klaus 等(2003)提出了实物投入产出法(physical input-output table)代替原有的货币投入产出法(monetary input-output table),计算每个部门的物质流及其相应的土地需求。

在生态足迹研究的对象上除了进行区域综合研究外,还对一些专题进行研究。例如,Stefan Gossling 和 Carina Borgstrom Hansson 计算了塞舌尔群岛旅游生态足迹,Andersson 等(1993)对区域贸易生态足迹进行了计算。

生态足迹概念于 1999 年引入国内后,许多学者做了大量工作,大多数内容是计算分析不同区域尺度的生态足迹及应用问题。张志强等(2001)计算和分析了 1999 年中国西部 12 个省(自治区、直辖市)的生态足迹,分析结果表明,除了云南、西藏的生态足迹小于生态承载力,其余 10 个省(自治区、直辖市)的生态足迹均超过生态承载力,为生态赤字,12 个省(自治区、直辖市)总人口的生态足迹赤字达 162.5×10⁴ km²,该数据相当于新疆维吾尔自治区的国土面积。徐中民等(2003)计算并分析了我国 1999 年的生态足迹,结果表明我国人均生态足迹为 1.326 hm²,而人均生态承载力仅为 0.681 hm²,人均生态赤字为 0.645 hm²。绝大部分省区生态足迹超过生态承载力,处于不可持续发展状态。梁勇等(2004)分析并估算了北京市 2002 年城市交通生态足迹。分析结果显示,私家车的总生态足迹是公共汽车总生态足迹的 5.67 倍,远远大于公共汽车的生态足迹,私家车对生态环境的威胁和压力更严重。闵庆文等(2005)从生态系统占用角度计算并分析了泰州、商丘、铜川、锡林郭勒 4 个不同经济水平和具有不同消费特点的地级市(盟)居民生活消费生态系统占用的差异。陈敏等(2006)采用中国实际单产法对 2002 年中国各省市生态足迹进行了计算,分析了其构成,结果表明各省市生态足迹及其构成差异较大。王润平等(2006)通过分析山西省的生态足迹,发现山西生态足迹中化石燃料的比重很大(79%),是生态赤字最基本的部分,经济发展是以对自然资源的过度掠夺为代价的,资源利用效率相当低下。张桂宾等(2007)分析了中国中部 6 省的资源和能源消费状况。徐瑶等利用生态足迹的理论与方法,测算了 1990~2003 年四川省的生态足迹、生态承载力、生态压力指数,并建立了相应的预测模型。张衍广等(2008)利用经验模态分解方法(EMD)分析了1961 年以来中国生态足迹与生态承载力的动态变化,并运用动力学建模方法建立预测模型,对中国未来 20 年的生态足迹与生态承载力进行了模拟和预测。谭秀娟等(2009)以生态足迹模型为基础,通过构建水资源生态足迹和生态承载力的计算模型,利用该模型评价了我国 1949~2007 年水资源的可持续利用状况,运用 ARIMA 模型研究了我国水资源生态足迹变动趋势。郭跃等(2010)基于生态足迹理论,引入生态压力指数、生态占用指数和生态经济协调指数作为评价区域生态安全的指标,构建了生态安全评价标准,并对江苏省1999~2008 年的生态安全进行动态分析评价。张学勤等(2010)利用生态足迹模型计算1953~2007 年中国人均生态足迹(ecological footprint,EF)数据基础上,采用经验模态分解(empirical mode decomposition,EMD)方法研究发现,1953~2007 年中国人均 EF 存在明显的 4.3 年、10.8 年两个波动周期和一个递增趋势。选取与中国人均 EF 变化高度相关的产业结构、能源消费、发电量、居民消费、城市化水平等 7 个指标,不同时间尺度下的驱动因素逐步回归分析发现,人均 GDP、第二产业产值、重工业、原油消费、发电量、居民消费、城市化率 7 个因素是驱动其不同周期性变化和持续增长的主要因素。张可云等(2011)通过实证研究,应用改进生态足迹模型分析比较了 2008 年中国 31 个省(自治区、直辖市)的生态承载力,并讨论了区域间生态破坏转移问题,赵志强等采用基于能值改进的生态足迹模型,考察了广东省 1978~2006 年人均消费足迹和人均产出承载力的变化过程,发现都是增长的过程,且产出承载力的增长速度高于消费足迹增长;分别对生物资源账户、能源账户、工业账户、劳务和贸易账户进行分析,研究消费足迹和产出承载力的结构特征和变化趋势。高阳等(2011)以我国 1996 年、2000 年、2004 年、2008 年各省份为例,分别采用传统生态足迹模型及基于能值改进生态足迹模型,从全国、地区、省份三个层面,利用 Theil 系数进行区域可持续性及东、中、西部地区时空差异判定。

　　草地生态足迹的研究文献很少。杨齐等(2008)应用生态足迹模型计算出 1981~2004 年,新疆阜康市总的可利用人均生态承载力降低了 13%,而总的人均生态足迹升高了 180%,草地人均生态承载力从 1981 年的 0.248 6 hm² 减少到 2004 年的 0.137 4 hm²,减少了 44.8%,而草地人均生态足迹则从 1981 年的 0.245 6 hm² 增加到 2004 年的1.218 6 hm²,增加了 500%,草地生态严重赤字,已成为最主要的生态不安全因素;海全胜等(2011)应用生态足迹法、RS 技术及实地调研等方法,通过调整通用产量因子,开展乡(苏木)尺度的生态足迹定量研究,对内蒙古正蓝旗 2005 年生态足迹分析结果显示各区域生态需求已超出草地生态承载力范围。

生态足迹评价方法自提出以来得到了生态经济学界的广泛关注,迅速在可持续发展领域得到推广应用并不断发展。作为一种新兴理论,生态足迹模型在概念和计算方法上仍存在一些不足,例如:

(1)生态足迹方法的假设条件之一是各类土地在空间上互相排斥的,即土地只出现在一种单独空间中,而实际生活中土地的作用大多有多重性和功能替代性,这与实际情况的偏差造成了生态足迹供给计算结果偏低;

(2)生态足迹方法只注意土地的数量而忽视了土地的质量,忽略了土地的潜在生产力,只考虑到现有的土地生产力;同时也没有考虑包括生态风险,如物种消失、生态功能丧失等;

(3)各种土地没有统一的折算标准(均衡因子),折算时没有考虑农业生产与自然条件、管理水平的关系,为了生态足迹计算结果更准确,在计算过程中引进了产量因子,但没有考虑各种潜在因子的影响,根据全球平均产量确定的产量因子和均衡因子,会导致计算结果不完全、不精确;

(4)没有考虑不同土地生物生产性的复杂特征,将不同类型的土地面积直接汇总,可能会忽略生态系统内部不协调的矛盾;

(5)计算因子的确定值得进一步探讨,没有根据地域和时间的变化确定均衡因子,因而具有一定的政策误导性,无法反映技术、经济给土地生产能力带来的直接影响。

目前对生态足迹的研究多为计算方法的实际运用,理论上并无突破性进展。在今后的研究中,可以在以下几个方面进一步完善生态足迹方法。

(1)生态足迹与社会经济因素结合研究。生态足迹偏重生态,强调人类社会发展对自然生态系统的影响程度,没有考虑经济和社会因素。今后的研究应该加入社会经济因素,如经济增长对消费方式的影响,技术变化对经济的影响,比较消费方式、人口增长等因素对环境压力的影响程度,指导地区发展规划等。

(2)生态足迹的计算不断修正、完善。在最初的生态足迹计算中,为了体现结果的公平,加入了"全球公顷"和"全球产量"为基准的"均衡因子""产量因子"来调节,因此,生态足迹在进行国家间的比较时十分有用。它没有考虑不同国家或地区之间在气候特点、土壤类型和生产技术、管理水平等方面存在很大差异,选取统一的均衡因子必然对计算结果造成误差,对计算结果产生严重影响。制定符合当地实际情况的均衡因子和产量因子显得十分必要,如按区域实际情况开展国家公顷和省公顷等地方公顷研究,并运用于省、市、县等区域尺度的生态足迹实践,有助于生态足迹模型的进一步完善。

(3)研究尺度在缩小,应用范围在扩大。生态足迹研究范围最先应用于国家、地区、城市等大尺度层面,后来逐渐转向如家庭和个人等更小的尺度层面。生态足迹应用范围由区域综合性分析逐渐向流域、能源、交通、水资源管理、旅游等单要素分析扩展,研究对象由空间对象向组分对象拓展。开展区域的和局部的生态足迹评价,将进一步完善生态足迹研究方法。

目前对生态足迹的相关研究较多,对草地生态足迹、生态安全评价的研究较少。本研究以藏北班戈县的草地资源为研究对象,利用 3S 技术手段获取草地利用数据,利用改进的生态足迹模型评价藏北草地生态安全状况。

1.5.4 生态安全预警研究

预警系统最早是在军事领域使用,以预警机、预警雷达为代表,气象学领域的预报系统研究也属于预警系统范畴。法国经济学家阿尔弗雷德·福里利(Alfred Founitle)在 1888 年巴黎统计学会上提出了对经济进行气象式的研究,开始了经济学领域的预警研究。1917 年,以 Peasons 为首的哈佛研究会运用 17 项景气指标对美国经济发展趋势进行预测。由于环境污染事件的增加,1975 年,联合国环境规划署建立全球环境监测系统(GEMS),其主要任务就是监测全球环境并对环境组成要素的状况进行定期监测、评价,其结果用于比较、排序和预警。早期的莱茵河流域水污染预警系统以及多瑙河流域水污染预警系统在区域污染的控制中都发挥了重要的作用(Gyorgy,1999)。生态安全预警的研究逐渐得到了广泛关注,许多欧美国家和国际性组织分别从不同侧面进行了研究,如罗马俱乐部提出的全球发展综合预测模型,布内拉斯加大学(美国)研制的 AGENT 系统,Slessor 提出的提高环境承载能力的 ECCO(evolution of capital creation options)模型,White 提出的洪水泛滥风险决策预警体系,Wang(2003)提出的洪水预警系统都从不同角度对生态环境预警进行了开拓性研究。随着研究的深入,生态环境预警理论不断完善,技术方法和手段不断更新和提高,已从单项预警发展到综合预警,从专题预警发展到区域预警,形成了较为完整的概念体系和系统的操作方法,但整体上,预警在草地生态安全研究中应用的专门报道仍不多。

国内的生态安全与预警起步较晚。从 20 世纪 80 年代中期,经济领域首先利用预警研究宏观经济,并逐步建立了宏观经济动态的监测预警体系和预警系统。随着生态安全的深入研究,生态安全预警日益受到学术界的重视。中国科学院将"国家生态安全的监测、评价与预警系统"研究作为 2000 年的重大项目。傅伯杰(1993)、陈国阶(1996)等对区域生态环境预警的原理和方法进行了较深入的研究;苏维词和李久林(1997)分阶段地对乌江流域内的 39 个县(市、区、特区)的生态环境做了预警评价;邵东国等(1999)以甘肃省河西走廊疏勒河流域为例,对干旱内陆河流域生态环境预警进行分析研究,建立了基于神经网络的生态安全预警模型,给出了生态环境质量量化与预警分析方法;邹长新以黑河为例对内陆河生态安全预警进行了研究;韩晨霞等(2010)从压力-状态-响应三方面构建了石家庄市生态安全预警评价指标体系,并结合 EXCEL 程序,建立了生态安全预警评价计算模型,对石家庄市的生态安全进行了预警评价和分析;徐美等 2012 利用 1996～2010 年湖南省土地的相关数据,从压力、状态、响应三方面构建湖南省土地生态安全预警指标体系,运用径向基函数(radial basis function,RBF)模型对 2011～2015 年的湖南省土地生态安全演变趋势进行预测,并结合预警指数和警度标准对 1996～2015 年湖南省土地生态安全警情状况进行分析。

　　整体来说,我国生态安全预警研究还处在探索阶段,方法体系不完善,相关标准体系未建立,生态安全预警模型、预警方法还处于探索之中。

参 考 文 献

阿荣,张自学,1997.内蒙古镶黄旗草地生态环境恶化状况的监测研究.中国草地(4):26-28.

蔡晓布,张永青,邵伟,2007.藏北高寒草原草地退化及其驱动力分析.土壤,39(6):855-858.

曹水翔,刘小丹,张克斌,等,2011.青海省都兰县察汗乌苏绿洲植被覆盖度变化研究.中国沙漠,31(5):1267-1272.

陈敏,王如松,张丽君,等,2006.中国2002年省域生态足迹分析.应用生态学(3):424-428.

陈东景,徐中民,2002.西北内陆河流域生态安全评价研究:以黑河流域中游张掖地区为例.干旱区地理,25(3):219-224.

陈国阶,2002.论生态安全.重庆环境科学,24(3):1-4.

陈国阶,1996.对环境预警的探讨.重庆环境科学,18(5):1-4.

陈仲新,张新时,2000.中国生态系统效益的价值.科学通报,45(1):17-22.

程胜高,罗泽娇,曾克峰,2005.环境生态学.北京:化学工业出版社.

程漱兰,陈焱,1999.高度重视国家生态安全战略.生态经济(5):9-11.

除多,姬秋梅,德吉央宗,2007.利用EOS/MODIS数据估算西藏藏北高原地表草地生物量.气象学报,65(4):612-621.

崔胜辉,洪华生,黄云凤,等,2005.生态安全研究进展.生态学报,25(4):861-568.

崔向慧,2009.陆地生态系统服务功能及其价值评估.北京:中国林业科学研究院.

丁志,童庆禧,邓兰芬,等,1986.应用气象卫星图像资料进行草场生物量测量方法的初步分析.干旱区研究(2):8-13.

董全,1999.生态功益:自然生态过程对人类的贡献.应用生态学报,10(2):233-240.

方创琳,张小雷,2001.干旱区生态重建与经济可持续发展研究进展.生态学报,21(7):1163-1170.

冯琦胜,高新华,黄晓东,2011.2001-2010年青藏高原草地生长状况遥感动态监测.兰州大学学报:自然科学版,47(4):75-81.

冯蜀青,刘青春,金义安,等,2004.利用EOS/MODIS进行牧草产量监测的研究.青海草业,13(3):6-10.

傅伯杰,1993.区域生态环境预警的理论及其应用.应用生态学报,4(4):436-439.

高阳,冯喆,王羊,等.基于能值改进生态足迹模型的全国省区生态经济系统分析.北京大学学报:自然科学版(6):1089-1096.

高吉喜,2008.区域生态保护中生态系统结构、过程与功能.北京:中国环境科学出版社.

高吉喜,张向晖,姜昀,2007.流域生态安全评价关键问题研究.科学通报,52(增刊II):216-224.

高清竹,李玉娥,林而达,等,2005.藏北地区草地退化的时空分布特征.地理学报,60(6):965-973.

顾海兵,1999.宏观金融预警系统的构架简析.宏观经济研究(11):15-19.

郭跃,程晓昀,朱芳,等,2010.基于生态足迹的江苏省生态安全动态研究.长江流域资源与环境,19(11):1327-1332.

郭中伟,2001.建设国家生态安全预警系统与维护体系:面对严重的生态危机的对策.科技导报(1):

54-56.

郭中伟,李典谟,1997.生态系统调节水量的价值评估:兴山实例.自然资源学报,13(4):31-37.

郭中伟,李典谟,甘雅玲,2001.森林生态系统生物多样性的遥感评估.生态学报,21(8):1369-1384.

哈德逊 N W,1976.土壤保持.北京:科学出版社.

海全胜,阿拉腾图娅,宁小莉,等,2011.内蒙古正蓝旗草地的区域生态足迹分析.干旱区研究,28(3):532-536.

韩晨霞,赵旭阳,贺军亮,等,2010.石家庄市生态安全动态变化趋势及预警机制研究.地域研究与开发,29(5):99-103.

侯元兆,王琦,1995.中国森林资源核算研究.世界林业研究(3):51-56.

胡秀芳,赵军,钱鹏,等,2007.草原生态安全理论与评价研究.干旱区资源与环境,21(4):93-97.

胡自治,2000.青藏高原的草业发展与生态环境.北京:中国藏学出版社.

贾艳红,赵军,南忠仁,等,2006.基于熵权法的草原生态安全评价:以甘肃牧区为例.生态学杂志,25(8):1003-1008.

蒋延玲,周广胜,1998.中国主要森林生态系统公益的评估.植物生态学报,23(5):426-432.

金樑,高亚敏,崔光欣,等,2006.西北地区草地生态系统生态安全评价初探.生命科学研究,10(3):200-205.

金云翔,徐斌,杨秀春,等,2011.内蒙古锡林郭勒盟草原产草量动态遥感估算.中国科学:生命科学,41(12):1185-1195.

康立新,1994.沿海防护林体系功能及其效益.上海:科学技术文献出版社.

李辉霞,刘淑珍,2007.西藏自治区那曲县草地退化的动态变化分析.水土保持研究,14(2):98-100.

李建龙,蒋平,徐雨清,1998.利用 EOS/MODIS 遥感技术和地理信息系统动态监测天山草地与农业资源研究.兰州大学学报(自然科学版),34(3):110-116.

李金昌,1991.资源核算论.北京:海洋出版社.

李金昌,1999.生态价值论.重庆:重庆大学出版社.

李双成,郑度,杨勤业,2001.环境与生态系统资本价值评估的若干问题.环境科学,22(6):103-107.

李双成,郑度,张镱锂,2002.环境与生态系统资本价值评估的区域范式.地理科学(22):12-16.

李苏楠,赵延治,史培军,2005.西藏高原生态安全评价方法与应用:以西藏自治区曲松县为例.水土保持研究,12(6):142-145.

李文华,2008.生态系统服务功能评估的理论、方法与应用.北京:中国人民大学出版社.

梁勇,成升魁,闵庆文,2004.生态足迹方法及其在城市交通环境影响评价中的应用.武汉理工大学学报,28(6):821-824.

梁天刚,崔霞,冯琦胜,2009.2001-2008年甘南牧区草地地上生物量与载畜量遥感动态监测.草业学报,18(6):12-22.

刘起,1998.中国草地资源生态经济价值的探讨.四川草原(4):1-4.

刘沛林,2000.从长江水灾看国家生态安全体系建设的重要性.北京大学学报:哲社版,37(2):29-37.

刘兴元,陈全功,王永宁,2006.甘南草地退化对生态安全与经济发展的影响.草业科学,23(12):39-41.

刘志明,晏明,王贵卿,等,2001.基于卫星遥感信息的吉林省西部草地退化分析.地理科学,21(5):452-456.

卢金发,尤联元,陈浩,2004.内蒙古锡林浩特市生态安全评价与土地利用调整.资源科学,26(2):108-114.

罗婷文,苏墨,徐雅莉,2010.生态环境预警研究进展及在土地领域的应用.现代经济信息(8):202-204.

毛飞,侯英雨,唐世浩,等,2007.基于近20年遥感数据的藏北草地分类及其动态变化.应用生态学报,18
　　(8):1745-1750.

闵庆文,成升魁,等,2005.中等城市居民生活消费生态系统占用的比较分析.自然资源学报,20(2):
　　286-292.

闵庆文,谢高地,胡聃,等,2004.青海草地生态系统服务功能的价值评估.资源科学,26(3):56-60.

农业部发展计划司,2011.中国农业资源区划30年.北京:中国农业科学技术出版社.

欧阳志云,王效科,苗鸿,2000.中国生态环境敏感性及其区域差异规律研究.生态学报,20(1):9-12.

裴浩,敖艳红,1999.利用极轨气象卫星遥感监测草地生产力的研究:以内蒙古乌拉盖地区为例.干旱区
　　资源与环境,13(4):56-64.

曲格平,2002.关注生态安全之一:生态环境问题已经成为国家安全的热门话题.环境保护(5):3-4.

屈芳青,周万村,2007.RS和GIS支持下的若儿盖草原生态安全模糊评价.干旱地区农业研究,25(4):
　　24-29.

任志远,黄青,2005.陕西省生态安全及空间差异定量分析.地理学报,60(4):597-606.

邵东国,李元红,王忠静,等,1999.基于神经网络的干旱内陆河流域生态环境预警方法研究.中国农村水
　　利水电(6):10-12.

沈渭寿,张慧,邹长新,等,2010.区域生态承载力与生态安全研究.北京:中国环境科学出版社.

苏维词,李久林,1997.乌江流域生态环境预警评价初探.贵州科学,15(3):207-214.

孙儒泳,2002.基础生态学.北京:高等教育出版社.

谭秀娟,郑钦玉,2009.我国水资源生态足迹分析与预测.生态学报,29(7):3559-3568.

涂军,石承苍,1998.若尔盖高原生态脆弱地区草地沙化遥感监测研究.西南农业学报,11(2):94-98.

王栋,1955.草原管理学.南京:畜牧兽医图书出版社.

王蕾,王宁,张逸,2006.草地生态系统服务价值的研究进展.农业科学研究:50-53.

王强,杨京平,2003.我国草地退化及其生态安全评价指标体系的探索.水土保持学报,17(6):27-31.

王根绪,程国栋,钱鞠,2003.生态安全评价研究中的若干问题.应用生态学报,14(9):1551-1556.

王鹏新,2003.典型干草原退化草地的时空分布特征及其动态监测.干旱地区农业研究(3):92-94.

王闰平,崔克勇,陈凯,等,2006.山西省可持续发展状况生态足迹分析.中国生态农业学报,14(3):
　　199-201.

吴国庆,2001.区域农业可持续发展的生态安全及其评价研究:以浙江省嘉兴市为例.中国农业资源与区
　　划,22(4):26-30.

肖笃宁,陈文波,郭福良,2002.论生态安全的基本概念和研究内容.应用生态学报,13(3):354-358.

谢高地,鲁春霞,成升魁,2001a.全球生态系统服务价值评估研究进展.资源科学,23(6):5-9.

谢高地,张钇锂,鲁春霞,等,2001b.中国自然草地生态系统服务价值.自然资源学报,16(1):47-53.

谢高地,甄霖,鲁春霞,等,2008.生态系统服务的供给、消费和价值化.资源科学,30(1):93-99.

谢花林,张新时,2004.城市生态安全水平的物元评判模型研究.地理与地理信息科学,20(2):87-90.

辛琨,肖笃宁,2000.生态系统服务功能研究简述.中国人口、资源与环境,10(3):20-22.

辛晓平.张保辉.李刚.等,2009.1982-2003年中国生物量时空格局变化研究.自然资源学报,9(24):
　　1582-1592.

徐美,朱翔,刘春腊,2012.基于RBF的湖南省土地生态安全动态预警.地理学报,67(10):1411-1422.

徐瑶,何政伟,陈涛,2008.四川省生态安全评价与预测模型研究.土壤通报,39(5):999-1001.

徐希孺,金丽芳,赁常恭,等,1985.利用 NOAA-CCT 估算内蒙古草场产草量的原理和方法.地理学报, 40(4):333-346.

徐中民,张志强,程国栋,等,2003.中国 1999 年生态足迹计算与发展能力分析.应用生态学报,14(2): 280-285.

薛达元,1997.生物多样性的经济价值评估:长白山自然保护区案例研究.北京:中国环境科学出版社.

阎水玉,王祥荣,2002.生态系统服务研究进展.生态学杂志,21(5):61-68.

张桂宾,王安周,2007.中国中部六省生态足迹实证分析.生态环境,16(2):598-601.

张可云,傅帅雄,张文彬,2011.基于改进生态足迹模型的中国 31 个省级区域生态承载力实证研究.地理科学,31(9):1084-1089.

张学勤,陈成忠,林振山,等,2008.中国生态足迹的多尺度变化及驱动因素分析.资源科学,32(10): 2006-2008.

张衍广,原艳梅,2008.基于经验模态分解的中国生态足迹与生态承载力动力学预测.资源科学(8): 13-18.

张志强,程国栋,2000a.可持续发展定量研究的几种新方法评价.中国人口资源与环境,10(4):6064.

张志强,徐中民,程国栋,2000b.生态足迹的概念和计算模型.生态经济(10):8-10.

张志强,徐中民,程国栋,等,2001.中国西部 12 省(区市)的生态足迹.地理学报(5):600-610.

赵军,郑珊,胡秀芳,2010.基于 GIS 的天祝高寒草原生态安全模糊评价研究.干旱区资源与环境,4(4): 66-71.

赵冰茹,刘闯,刘爱军,等,2004.利用 MODIS-NDVI 进行草地估产研究:以内蒙古锡林郭勒草地为例.草业科学,21(8):12-15.

赵景柱,肖寒,吴刚,2000.生态系统服务的物质量与价值量评价方法的比较分析.应用生态学报,11(2): 290-292.

赵士洞,张永民,赖鹏飞,2007.千年生态系统评估报告集.北京:中国环境科学出版社.

赵同谦,欧阳志云,贾良清,等,2004.中国草地生态系统服务功能间接价值评价.生态学报,24(6): 1101-1110.

赵有益,龙瑞军,林慧龙,等,2008.草地生态系统安全及其评价研究.草业学报,17(2):143-150.

钟祥浩,王小丹,刘淑珍,2008.西藏高原生态安全.北京:科学出版社.

钟祥浩,刘淑珍,王小丹,等,2010.西藏高原生态安全研究.山地学报,28(1):1-10.

周金星,陈浩,张怀清,等,2003.首都圈多伦地区荒漠化生态安全评价.中国水土保持科学,1(1):80-84.

周晓峰,蒋敏元,1998.黑龙江省森林效益的计量、评价及补偿.林业科学,35(3):1-7.

宗跃光,陈红春,郭瑞华,等,2000.地域生态系统服务功能的价值结构分析:以宁夏灵武市为例.地理研究,19(2):148-155.

邹栋,2006.基于生态服务价值的绿色 GDP 核算:以 2004 年海南省为例.武汉:武汉理工大学.

邹长新,沈渭寿,张慧,2010.内陆河流域重要生态功能区生态安全评价研究:以黑河流域为例.环境监控与预警,2(3):09-13.

左伟,王侨,文杰,2002.区域生态安全评价指标与标准研究.地理学与国土研究,18(1):67-71.

左伟,周慧珍,王侨,2003.区域生态安全评价指标选取的概念框架研究.土壤(1):2-7.

Adams R,1981. Surveys of Ancient Set-tlement and Land Use on the Central Floodplain of the Euphrates. Chicago:University of Chicago Press.

Alcamo J, Endejan M B, Kaspar F, et al, 2001. The GLASS Model: a strategy for quantifying global environmental security. Global Environmental Science&Policy(4): 1-12.

Aldo L, 1968. A Sand County Almanac. Oxford: Oxford University Press.

Alfredo D C, Emilio C, Ana C, 2002. Satellite remote sensing anatysis to monitor desetifieation proeesses in the crop-rangeland boundaly of Argentina. Journal of Arid Environment, 1(52): 121-133.

Anderson G L, Hanson J D, Hass R H, 1993. Evaluating landsat thematic mapper derived vegetation indices for estimating above-ground biomass on semiarid rangelands. Remote Sensing of Environment (45): 165-175.

Barrett J, Scott A, 2001. The ecological footprint: a metric for corporate sustainability. Corporate Environ Strategy, 8(4): 316-325.

Benie G B, Kabore S S, Goita k, et al, 2005. Remote sensing-based spatio-temporal 60 modeling to predict biomass in Sahelian grazing ecosystem. Ecological Modelling(184): 341-354.

Bicknell K B, Ball R J, Cullen R, et al, 1998. New methodology for the ecological footprint with an application to the New Zealand. Ecol-Econ(27): 149-160.

Buchmann S L, Nabhan G P, 1996. The Forgotten Pollinators. Washington D C: Island Press.

Cho M A, Skidmore A, 2007. Estimation of green grass/herb biomass from airborne hyperspectral imagery using spectral indices and partial least squares regression. International Journal of Applied Earth Observation and Geoinformation, 9(4): 414-424.

Costanza R, Arge R, de Groot R, et al, 1998. The value of ecosystem services: putting the issues in perspective. Ecol-Econ(25): 67-72.

Coupland R T, 1979. Grassland Eeosystems of the World: Analysis of Grasslands and Their User. Cambridge: Cambridge University Press.

Daily G C, 1997. Natures Services: Societal Dependence on Natural Ecosystems. Washington D C: Island Press.

de Groot R S, Wilosn M A, Boumans R M J, 2002. A typology for the classifiaction, description and Valuation of ecosystem functions, goods and services. Ecol-Econ(63): 465.

DeBach P, 1974. Biological Control by NaturalEnemies. London: Cambridge University Press.

Ehrlich P R, Ehrlich A H, 1981. Extinction: the Causes and Consequences House of the Disappearance of Species. New York: Random.

Eliazbeth R, Smith, 2000. An overview of EPA's regional vulnerability assessment (ReVA) program. Environmental Monitoring and Assessment(64): 9-15.

Eve M, Whiteford W G, Havstadt K M, 1999. Applying satellite imagery to triage assessment of ecosystem health. Environmental Monitoring and Assessment(54): 205-227.

Folke C, Jansson A, Larsson J, et al, 1997. Eco-system appropriation by cities. Ambio, 26(3): 167-172.

Foster J L, Hall D K, Eylander J B, et al, 2011. Ablended global snow product using visible, passive microwave and scatterometer satellite data. International Journal of Remote Sensing, 32(5): 1371-1395.

Friedl M A, Michaelsen J, Davis F W, et al, 1994. Estimating grassland biomass and leaf area index using ground and satellite data. International Journal of Remote Sensing, 15(7): 1401-1420.

GFN(Global Footprint Network), 2005. National Footprint and Biocapacity Accounts. http://www. Footprintnetwork. org.

Gosling S,Hansson C B,Hostmeier O,et al,2002. Ecological footprint analysis as a toll to assess tourism sustainability. Ecological Economics(43):199-211.

Graetz R D,Pech R R,Davis A W,1988. The assessment and monitoring of sparsely vegetated rangelands using calibrated Landsat data. International Journal of Remote Sensing(9):1201-1222.

Gyorgy,Pinter G T,1999. The Danube accident emergency warning system. Water Science and technology,40(10):27-33.

Hall D O,Rosillo-Calle F,Williams R H,et al,1993. Biomass for energy:supply prospects. Washington D C:Island Press,593-651.

Hardi P,Barg S,Hodge T,et al,1997. Measuring Sustainable Development:Review of Current Practice. Occasional Paper(1/2):49-51.

Haynes R W,Graham R T,Quigley T M,1996. A framework for ecosystem management in the Interior Columbia Basin including portions of the Klamath and Great Basins. Gen. Tech. Rep. PNW-GTR-374. Tech. Eds.

Heady H F,Child A D,1994. Rangeland Ecology and Management. San Francisco:Westview Press.

Hein L,van Koppen K,de Groot R S,et al,2006. Spatial scales,stakeholders and the valuation of ecosystem services. Ecological Economics,57(2):209-228.

Helliwell D R,1969. Valuation of wildlife resources. Regional Studies(3):41-49.

Holder J,Ehrlich P R,1974. Human population and global environment. American Sciensist,(62):282-297.

Jessica T,Mathews,1989. Redefining security. Foreign Affairs(68):162-177.

Katrina S,Rogers,1997. Ecological Security and Multinational Corporations. ECSP Report 3.

King R T,1966. Wildlife and man. N Y Conservationist(20):8-11.

Klaus H,Stefan G,2003. Applying physical input analysis to estimate land appropriation of international trade activitics. Ecological Economics,44(1):137-151.

Langley S K,Cheshire H M,Humes K S,2001. A comparison of single date and multitemporal satellite image classifications in a semi-arid grassland. Journal of Arid Environments(49):401-411.

Lee K,1985. Earthworms:Their Ecology and Relationships with Soils and Land Use. New York:Academic Press.

Lenzen M,Murray S A,2001. A modified ecological footprint method and itsapplication to Australia. Ecological Economics,37(2):229-255.

Lesert B,1997. Redefining national security. World Watch Paper,14(3):3-7.

Li W H,2010. Progresses and perspectives of ecological research in China. Journal Resources and Ecology,1(1):3-14.

Litfin K T,1999. Constructing environmental security and ecological interdependence. Global Governance,5(3):359-377.

Mathews J T,1989. Redefining Security. Foreign Affairs,68(2):162-177.

Mdnm R E,1987. Global environmental monitoring system(GEMS)action plan for phasel. Scope 3,Toronto,Canada:1-30.

MerrillE H,Bramber-Brodahl M K,Marrs R W,et al,1993. Estimation of green herbaeeous phytomass from landsat MSS data inYellowstone National Park. Journal of Range Management,46(2):151-157.

Michael E, McDonald, 2000. EMAP overview: objectives. Approaches and Achievement Environmental Monitoring and Assessment(64):3-8.

Monfreda C, Wackernagel M, Deumling D, 2004. Establishing national natural capital accounts based on detailed ecological footprintand biological capacity assessments. Land Use Policy(21):231-246.

Myers N, 1986. The environmental dimension to security issues. The Environmentalist, 6(4):251.

Naylor R, Ehrlich P, 1997. The value of natural pest control ser-vices in agriculture//Daily G. Nature's Services: Societal Dependence on Natural Ecosystems. Washington D C: Island Press: 151-174.

Niemever D, de Groot R S, 2008. Framing environmental indicators: moving from causal chins to causal networks. Environ Devsustain, 10(1):89-106.

Numata I, Roberts D A, Chadwich O A, et al, 2008. Evaluation of hyper spectral data for pasture estimate in the Brazilian Amazon using field and imaging spectrometers. Remote Sensing of Environment(112): 1569-1583.

Oldeman L, van Engelen V, Pulles J, 1990. The extent of hu-man-induced soil degradation, Annex 5// Oldeman L R, Hakkeling R T A, Sombroek W G. eds. World Map of the Atus of Human-Induced Soil Degradation: An Explanatory Note, 2nd. Wageningen: International Soil Reference and Information Centre.

Paruelo J M, Golluscio R A, 1994. Range assessment using remote sensing in Northwest Patagonia. Journal of Range Management, 47(6):498-502.

Paudel K P, Andersen P, 2010. Assessing rangeland degradation using multi temporal satellite images and grazing pressure surface model in Upper Mustang, Trans Himalaya, Nepal. Remote Sensing of Environment(114):1945-1855.

Pickup G, Bastin G N, Chewings V H, 1994. Remote sensing-based condition assessment for non-equilibrium rangelands under large-scale commercial grazing. Ecological Application, 4(3):497-517.

Pimentel D, McLaughlin L, Zepp A, et al, 1989. Enviromental and economic impacts of reducing US agricultural pesticide use. Handbook of Pest Management in Agriculture(4):223-278.

Prince S D, Tucker C J, 1986. Satellite remote sensing of rangelands in Bostwana. Part II: NOAA AVHRR and herbaceous vegetation. International Journal of Remote Sensing, 7(11):1555-1570.

Quigley T M, Haynes R W, Graham R T, 1996. Integrated Scientific Assessment for Ecosystem Management in the Interior Columbia Basin and Portions of the Klamath and Great Basins. General Technical Report PNW-GTR-382.

Rapport D J, Gaudet C, Kar J R, et al, 1998. Evaluating landscape health ingegrating societal goals and biophysical process. Joumal of Environmental Management(53):1-15.

Ringrose S, Musisi-Nkambwe S, Coleman T, et al, 1999. Use of landsat thematic mapper data to assess seasonal rangeland changes in the Southeast Kalahari, Botswana. Environmental Management, 23(1): 125-138.

Roy P S, Shirish A, Ravan, 1994. Biomass estimation using satellite remote sensing data. Int. J, of Remote Sensing(4):23571-23578.

Salati E, 1987. The forest and the hydrological cycle//Dickinson R. eds. The Geophysiologyof Amazonia. New York: John Wiley and Sons: 273-294.

Schlesinger W, 1991. Biogeochemistry: An Analysis of Global Change. San Diego: Academic Press.

Serafy S,1998. Pricing the invaluable: the value of the world's ecosystem services and natural capital. Ecological Economics(25):25-27.

Simmons C,Lewis K,Barrett J,2000. Two feet-two approaches: a component based model of ecological footprinting. Ecol Econ(32):375-380.

Steven M,Bartell,et al,1999. An ecosystem model for assessing ecological risks in Quebec Rivers,Lakes, and Reservoris. Ecological Modeling(124):43-67.

Sutton P C,Constanza R,2002. Global estimates of market and non-market values derived from night time satellite imagery, land cover and ecosystem service valuation. Ecological Economics(41): 509-527.

Svarstad H,Petersenlk,Rothmand,et al,2008. Discursive bisses of the envimental research framework DPSIR. Land Use Policy(25):116-125.

Tanser F C,Palmer A R,1999. The application of a remotely-sensed diversity index to monitor degradation patterns in a semi-arid, heterogeneous, South African landscape. Journal of Arid Environments, 43(4): 477-484.

Tansley A G,1935. The use and abuse of vegetational concepts and terms. Ecology,16(3):284-307.

Taylor B F,Dini P W,Kidson J W,1985. Determination of seasonal and international variation in NEW Zealand pasture growth from NOAA27 data. Remote sens. Environ(18):177-192.

Thomas M,Quigley,Richard W,et al,2001. Estimating ecological integrity in the interior Columbia River Basin. Forest Ecology and Management(153):161-178.

Todd S W,Hoffer R M,Milchunas D G,1998. Biomass estimation on grazed and ungrazedrange land using spectral indices. International Journal of Remote Sensing,19(3):427-438.

Tuller P T,1989. Remote sensing technology for rangeland management application. Journal of Range Management,42(6):442-453.

Tucker C J,1985. Satellite remote sensing of total herbaceous biomass production in the senegalese sahel: 1980~1984. Remote Sensing of environment:233-249.

Turner D P,Ritts W D,Cohen W B,et al,2006. Evaluation of MODIS NPP and GPP products across multiple biomes. Remote Sensing of Environment,102(3/4):282-292.

Ullman R H,1983. Redefining Security. International Security,8(1):129-153.

UNEP,1991. Guidelines for the Preparations of Country Studies on Costs,Benefits and Unmet Needs of Biological Diversity Conservation Within the Framework of the Planned Convention on Biological Diversity,Niobe: United National Environmental Program.

UNFAO(United Nations Food and Agriculture Organization),1994. FAO Yearbook of Fishery Statistics, Volume 17.

United Strategy Environmental Protection Agency,1997. An Ecological Assessment of the United States Mid-Atlantic Region.

Vitousek P,Ehrlich P,Ehrlich A,et al,1986. Human appropriation of the products of photosynthesis. BioScience(36):368-373.

Vogt W,1948. Road to Survival. New York: William Sloan:54.

Vuuren D P, van Smeets E M W, 2000. Ecological footprints of Benin, Bhutan, Costa Rica and the Netherlands. Emlogical Economics,34(1):115-130.

Wackernagel M,1998. The ecological footprint of Santiagode Chile. Local Environ(3):7-25.

Wackernagel M，Rees W E，1996. Our Ecological Footprint：Reducing Human Impact on the Earth. Gabriola Island：New Society Publishers.

Wackernagel M，Onisto L，Bello P，et al，1997. Ecological Footprint of Nations. Commissioned by the Earth Council for the Riot 5 Forum. Toronto：International Council for Local Environmental Initiatives：10-21.

Wackernagel M，Onisto L，BelloP，et al，1999. National natural capital accounting with the ecological footprintconcept. Ecological Economics(29)：375-390.

Wackernagel M，Monfreda C，Erb K H，et al，2004a. Ecological footprint time series of Austria，the Philippines，and South Korea for 1961-1999：comparing the conventional approach to an‘actual land area'approach. Land Use Policy(21)：261-269.

Wackernagel M，Monfreda C，SchulzC，et al，2004b. Calculating national and global ecological footprint time series：Resolving conceptual challenges. Land Use Policy(21)：271-278.

Wang X H，Du C M，2003. An internet based flood warning system. Journal of Environmental Informatics，2(1)：48-56.

Wang Z Y，Che T，2012. Spatiotcmporal distributions analysis of snow cover based on combined MODIS and AMSRE products in the arid land of China. International Journal of Land Processes and Arid Environment，1(1)：19-26.

Wei Xu，Julius A，Mage，2001. A review of concepts and criteria for assessing agri-ecosystem health including a preliminary case study of southern ontario. Agriculture Ecosystems and Environment(83)：215-233.

Wessels K J，Prince S D，Carroll M，et al，2007. Relevance of rangeland degradation in semiarid northeastern south Africa to the nonequilibrium theory. Ecological Society of America，17(3)：815-827.

Whitford W G，Rapport D J，De Soyza A G，1995. Using resistance and resilience measurements for 'fitness' tests in ecosystem health. Joumal of Environmental Management(57)：21-29.

World Enviromnent and Development Commissions，1997. Our Common future. Changchun：Jilin People's Press.

WRI(World Resources Institute)，1994. World Resources：A Guide to the Global Environment. Oxford：Oxford University Press.

WWF(World Wide Fund for Nature International)，2004. Living Planet Report2004. http：//www. panda. org/news. facts/publications/key. publications/living. Planet. Report/lpr04/index. cfm.

Xu Z M，2000. Measuring Sustainable Development and Water Resource Carrying Capacity. LIGG，CAS.

第 2 章 研究区概况

藏北那曲地区草地以高寒草原草地类、高寒草甸草地类、高寒荒漠草地类为主,这三类草地占全区草地面积的 98.19%,占班戈县草地总面积的 99.72%。班戈县草地退化面积占总面积的比例达 62.92%,在那曲各县中比例最高。因此,选择草地类型较多、退化严重、具有较强代表性的班戈县为例来研究藏北地区的草地退化状况。

2.1 研究区自然概况

2.1.1 地理位置

班戈县地处西藏西北部,那曲地区西部,藏北高原纳木错、色林错两大著名湖泊之间。班戈县东部与那曲县、安多县相邻,北接尼玛县双湖特别区,西部与申扎县相接,南部与拉萨市当雄县、尼木县和日喀则地区南木林县接壤。总面积为 28 383.00 km²,其地理坐标范围为东经 89°00′00″~91°16′52″,北纬 29°56′38″~32°14′27″。

2.1.2 地形与地貌

班戈县地处西藏西北部,那曲地区西部,属南羌塘高原湖盆地区,位于纳木错和色林错两大湖泊之间(图 2-1)。总体属湖盆地带、中高山地貌,部分为高山地貌。以普保河谷为界,北部地势较高,以山地为主,平均海拔在 4 700 m,因干燥缺氧,基岩裸露,岩石多以物理风化为主,是草原集中分布的区域。南部地势略低,山峰较平缓,局部山峰较陡峭。相对高差较大,因气候相对潮湿温和,植被主要是草甸和稀少灌丛,垂直分带明显。

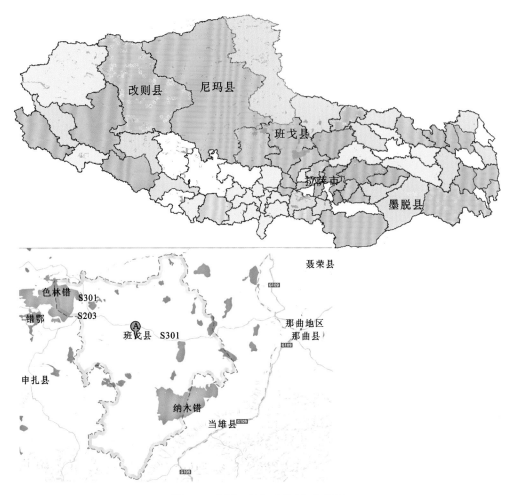

图 2-1　研究区地理位置示意图

2.1.3　气候特征

　　班戈县气候属高原亚寒带半干旱季风气候区,气候寒冷,空气稀薄,四季不分明,长冬无夏,多风雪天气。年温差相对大于日温差,年平均气温在 0℃ 以下,每年 7～8 月最高气温为 10℃,1 月最低气温为 -40℃,日温差大,一般为 15℃,极端日温差为 25℃。年日照时数为 2 944.3 h 左右。年霜期 347.6 d,没有绝对无霜期。年降水量为 308.3 mm。自然灾害有雪、风、霜等。每年春季,大风连续不断,秋季到春季,常出现雪灾,年平均冰雹日数在 30 d 以上,7～8 月为雨季。

2.1.4　水 文 特 征

班戈县境内,地表水系较发育,水力资源丰富,属藏北高原湖盆区,山势平缓,草原开阔,地势北高南低,河流纵横、湖泊交错,均为内陆河流。以普保河谷为界,将全县分割为南北两部分,其中,北部主要地表水系扎加藏布、波曲藏布、塔日嘎布藏布最终汇聚于色林错,南部主要地表水系岗牙桑曲、波曲、作曲卡、测曲、你亚曲等最终汇聚于纳木错。这些次级支流及小支流,均属高山、山地河流,落差大,水流湍急,水能资源丰富。

按含水介质的不同和地下水在岩层中的赋存状态,可将地下水分为松散岩类孔隙水、基岩裂隙水两类。地下水的补给来源为大气降水和冰雪融水补给。

2.1.5　土 壤 类 型

1. 高山草甸土

高山草甸土主要分布在海拔 4 500～4 600 m 的高原面上。高山草甸土土壤草毡层最为发育,厚 7～20 cm,有机质含量高达 12.4% 左右,色暗棕,根系交织穿插,极紧、具弹性。腐殖质层厚 15～35 cm,有机质含量为 5%～8%。母质层多出现在 30 cm 以下,色淡、多砾石。该土土层较厚,有机质含量高,养分丰富,适宜草被生长,但受低温影响,草被植株低矮,草产量低。草质好,宜放牧,为中等草地土壤。

2. 高山草原土

该土壤表层为灰棕色的腐殖质层,一般厚 15 cm 左右,有机质含量为 0.5%～1.7%,土壤质地较粗,呈碎屑状结构。其下为浅黄棕色的钙积层,厚 10～15 cm,较紧实,块状结构。母质层出现在 30 cm 以下,砂砾质,砾石背面多钙斑,石灰反应较强。该土土层较薄,含砾多,有机质含量低,养分状况较差。加之低温、干旱,植被生长差,是质量较差的草地土壤,但分布面积大,是班戈县的主要草地土壤。

3. 沼泽土

沼泽土主要分布在河流沿岸的河漫滩、湖滨及扇缘。沼泽土地下水位浅,地表常年积水或 1 m 以内有永冻层发育,植被为沼泽草甸。土壤厚而紧实、富弹性的草毡层,暗棕色,厚 8～21 cm,有机质含量为 9.3%～19.9%。其下为 20 cm 左右的腐殖质层,暗灰色,有机质含量为 10%～35%。潜育层发育明显,极湿。母质层 50 cm 以下,棕黄色,锈纹斑十分明显,一般含砾石很少。该土土壤水分条件好,土层厚,有机质含量高,养分丰富,有利于草被生长,为班戈县鲜草产量最高的土壤类型,为上等草地土壤。

4. 盐渍草甸土

盐渍草甸土分布于西部班戈咸水湖滩地和高矿化浅地下水位的冲积扇缘。在半干旱、稀疏盐渍草甸条件下,含盐地下水在土壤表层积累,形成盐斑和盐霜。草毡层很薄且不连续,有机质含量为 1.3%～2.2%,含盐 0.2%～0.8%,其下为浅灰棕色的腐殖质层。有机质含量为 1% 左右,再下为黄棕色母质层,锈纹斑十分发育。

该土受盐渍的影响,虽然土壤水分条件较好,但植被明显受盐分抑制,盐渍草甸生长低矮稀疏,是较差的草地土壤。

2.1.6　草地植被类型

班戈县属南羌塘高原湖盆地区,山势平缓,草原开阔,植被类型十分简单,主要有高寒草原草地类、高寒草甸草地类、高寒荒漠草地类。植被具有垂直分布的特征。海拔4 800 m以下的山坡、盆地、丘陵和湖成平原上,紫花针茅和羊茅、嵩属植物组成的群落占优势;在4 800m以上,分布小嵩草、羊茅等组成的高山草甸植被。大致在海拔5 250 m左右高山草甸开始向高山冰缘植被过渡。由藏北嵩草和扁穗草组成的沼泽草甸或沼泽,在湖滨湿地及河流两岸也有广泛分布。在河湖边缘浅水带,则发育有由红线草、黄花水毛茛等组成的水生植被。在一些山地阴坡及冲沟,生长有由金露梅组成的高山灌丛群落。

1. 高寒草原草地类

高寒草原草地类分布在海拔4 600～5 200 m的高原面或丘陵山地。高寒草原草地植物组成简单,优势种为禾本科针茅属、莎草科苔草属和菊科嵩属的一些旱生植物。亚优势种及伴生种因地区和海拔高度不同,差异较大。西北部气候寒冷干旱,草地植物组成带有荒漠化的特征。中部安多县一带,地处高寒半湿润、半干旱过渡区,草地植物组成具有一定的草甸化特征,植物种类相对较丰富。草地植物组成在垂直带上的差异也十分明显,海拔升高,湿度增加,干燥度较高原面小,一些旱中生或中旱生的植物成分增加,植物种类组成也较高原面复杂,海拔4 900 m以上常伴生有垫状植物。

在草地植物组成中,除禾本科、莎草科、菊科外,其他较重要的科还有蔷薇科、豆科、石竹科、十字花科和藜科。

2. 高寒草甸草地类

高寒草甸草地类主要分布在海拔4 500～5 000 m的湖盆宽谷、山地阴坡、河漫滩、湖滨等地形部位。高寒草甸的主要建群种为高山嵩草(*Kobresia pygmaea*)、矮生嵩草(*K. humilis*)、线叶嵩草(*K. capillifolia*)、圆穗蓼(*Polygonum macrophyllum*)、大嵩草(*K. schoenoides*)、藏北嵩草、华扁穗草、三角草、喜马拉雅碱茅、羊茅、紫羊茅等。东部气候相对温暖潮湿,一些喜湿的中生植物增加,如嵩草、冷地早熟禾、红嘴苔草、垂穗披碱草、藏异燕麦、川西小黄菊、碎米蕨叶马先蒿、虎耳草、萝卜秦艽等。青藏公路以西,内外河流域分水岭一带,地处高寒草甸与高寒草原过渡区,干燥度增大,一些旱生的草原成分渗入,如紫花针茅、二裂委陵菜,矮火绒草、紫苞风毛菊、红花角蒿、青藏苔草等。随海拔升高,一些旱生的垫状、莲座状植物大量出现,如垫状点地梅、垫状蚤缀、风毛菊、藏布红景天、中华红景天、独一味、兰玉簪龙胆、西藏粉报春等。

3. 高寒荒漠草地类

高寒荒漠草地类主要分布在海拔4 900～5 000 m的高原湖盆底部、湖滨、古湖堤及宽谷,地形平坦而开阔,在一些平缓的山地和山丘顶部、山前洪积扇上也有分布。组成草层的植物较为单调,仅3～5种,形成以垫状驼绒藜和青藏苔草为优势建群的荒漠草原,生长着碱茅、青藏苔草、海乳草以及少量的青藏苔草-紫花针茅等草类。

班戈县草场面积辽阔,牧草品质较好,水源较丰富,是传统的牧业区。近年来,随着全球气候变暖以及人类不适当的土地利用,造成草地生态系统退化严重,植物种群发生变化,生物多样性下降,植被盖度减小,优良牧草数量减少,有毒、有害草种群数量增加,草地生产力降低,草地植物变矮、变劣、变稀,草地植被演替过程加剧。

2.2　社会经济发展概况

班戈县地处西藏西北部,那曲地区西部,属南羌塘高原湖盆区,班公-怒江中段。该县为纯牧业县,主要饲养牦牛、犏牛、绵羊、山羊、马等。2009 年全县总人口约 3.8 万,辖 4 镇 6 乡 95 个行政村(社区)。

班戈县政府驻地普保镇是当地政治、经济、文化的中心。调查区内居民除少数外来务工人员为汉族外,其余 99% 以上均为藏族,文化教育事业较为落后,语言以藏语为主,懂汉语者较少。调查区内人口稀少,较分散,主要居住于镇上及村落,基本上过着定居生活。工业主要有少量畜产品加工等手工业。土特产主要有酥油、皮张、牛羊绒等。根据 2010 年《西藏统计年鉴》(西藏自治区统计局),该县截至 2009 年年末,牲畜存栏 103.27 万头(只、匹),牛羊肉产量 5 806 t,奶类产量 4 783 t,羊毛总产量 523.45 t,羊皮 318 906 张,牛皮 19 667 张。班戈县国民生产总值达到 3.2 亿元,县财政收入达到 517 万元,牧民人均收入达到 3 187 元,班戈县国民经济保持了快速发展的态势。

随着班戈县国民经济中非农产业比重不断提高,矿业开发将成为该县的重要支柱产业。第三产业内部结构不断优化,旅游、通信、金融、保险等行业迅速发展,基础设施也有很大改善。

为了全面掌握草地退化状况,项目组 2008 年 8 月、2009 年 8 月,对藏北班戈县草地状况进行了两次实地调查。调查采用现场记录草地的类型、土壤类型、经纬度、草地利用状况、植被盖度、地形、草地退化程度及鼠害状况,为了测定土壤及牧草品质,取土壤及草地植株样品进行室内分析。

2.3　草地退化状况

班戈草原是藏北主要草原之一,是西藏畜牧业生产的核心区。近年来,由于全球气候变化等自然因素和超载过牧等人为因素的影响,藏北高原极为脆弱的高寒草地生态系统已遭到不同程度的干扰和破坏,草地退化现象不断出现:优良牧草比例降低、植株变矮(图 2-2),有害有毒牧草及不可食植物增加,植被覆盖度下降,产草量降低,严重制约了班戈县草地畜牧业的可持续发展。刘淑珍等(1999)研究发现,班戈县可利用草地面积为3 331.55万亩,退化草地面积为 2 526.46 万亩,退化面积占总面积的 68.25%,边多等人利用 NOAA,MODIS 卫星监测藏西北高寒牧草地退化,监测结果表明 2005 年班戈县草

地退化面积为 $263.95 \times 10^4 \ km^2$,占总面积的 62.92%。在本次调查中参照刘淑珍等划分草地退化等级的标准,把草地覆盖度作为主因子将草地退化等级分为无明显退化、轻度退化、中度退化和重度退化 4 个等级(表 2-1)。

图 2-2　退化的草地

表 2-1　班戈县草地退化分级标准

因子	无明显退化	轻度退化	中度退化	重度退化
覆盖度/%	≥85	≥60,<85	>25,<60	≤25

根据上述标准,对藏北班戈县调查结果进行草地退化等级划分,具体划分结果见表 2-2。

表 2-2　野外调查点草地退化等级表

序号	地理位置	经纬度坐标		高程/m	植被类型	退化分级
		经度	纬度			
1	班戈县巴木错以南	91°03′57″	31°29′45″	4 607	高山嵩草	轻度退化
2	班戈县北拉镇以西	90°48′27″	31°24′00″	4 631	高山嵩草	重度退化
3	班戈县巴木错北公路旁侧	90°35′04″	31°22′43″	4 627	高山嵩草	重度退化
4	班戈县门当乡	89°49′12″	31°29′10″	4 732	高山嵩草	中度退化
5	班戈县门当乡南	89°45′39″	31°32′25″	4 590	高山嵩草	中度退化
6	班戈县门当乡安多-尼玛县公路旁侧	89°38′32″	31°36′03″	4 592	高山嵩草	重度退化
7	班戈县门当乡安多-尼玛公路	89°27′37″	31°37′37″	4 586	高山嵩草	未退化
8	班戈县青龙乡巴木错以南	90°36′15″	31°05′28″	4 602	高山嵩草	重度退化
9	班戈县青龙乡	90°46′49″	31°06′25″	4 725	高山嵩草、毒草	中度退化
10	班戈县青龙乡	91°00′42″	30°55′23″	4 704	高山嵩草	重度退化
11	班戈县纳木错乡	80°37′05″	31°04′28″	4 742	高山嵩草	重度退化

在班戈县11个调查点来看,重度退化6处,中度退化3处,轻度退化1处,未退化1处。未退化所占比例为9.09%,轻度退化所占比例为9.09%,中度退化所占比例为27.27%,重度退化所占比例为54.55%,从表2-2中可以看出所选取的点均为草地退化较为严重的区域。

2.3.1 毒草、杂草危害

班戈县分布着各种毒草。这些毒草多属多年生草本植物,发芽早,生长周期长,与牧草争夺营养空间。据调查,目前对牲畜危害较严重的主要是冰川棘豆、线尾红景天、黄花水毛茛、西藏黄芪、狼毒、蕨麻委陵菜等(图2-3和图2-4)。冰川棘豆生于海拔4 500~5 300 m的山坡地带、砾石山坡、河滩砾石地、砂质地。线尾红景天主要危害羔羊,如措勤县磁石区的门董乡每年都有羔羊误食线尾红景天而造成死亡的现象。线尾红景天是紫花针茅草地和沙生针茅草地型中的伴生种,分布于海拔4 600~5 000 m的宽谷与丘陵间。当草场退化后,线尾红景天迅速生长,甚至变为优势种或次优势种。

(a) 冰川棘豆

(b) 小花棘豆

图2-3 研究区主要毒杂草

西藏黄芪、劲直黄芪、黄花水毛茛可使各种家禽采食后引起中毒。劲直黄芪分布很广,在海拔2 900~4 600 m处普遍分布。一些草场被它侵占,成了不能利用的毒草草场。由于这种毒草成长在水渠、山谷溪流、水塘及湖中,在早春冰雪融化后,返青较早,牦牛、马匹为了充饥大量采食而引起中毒死亡。

根据本次调查的样方分析杂草类植物在局部区域内的分布情况。在毒草发生的典型地段作为调查样地,选取了8个样方,采用的样方规格为50 m×50 m,在样方中随机选择100 cm×100 cm的样方1处,将其分为100个小格(10 cm×10 cm),统计其草类株数测定记载毒草种类、高度、盖度、产量,以及其他植物的种群结构和产量。

　　　　　　（a）狼毒　　　　　　　　　　　　　　（b）蕨麻委陵菜

图 2-4　研究区主要毒杂草

　　从调查的结果来看（表 2-3），调查的 8 个样方基本都受到毒草的侵袭。主要毒草是狼毒类、棘豆类，且毒草侵袭严重的区域，草地退化也严重。8 个样方中，草地优势种是高山嵩草，但第 8 个样方狼毒的比重较高，说明随着草地退化程度的加深，高山嵩草有被狼毒替代的趋势。总的来说，草地退化越严重，杂草比例越高。但从表 2-4 中可以看出草类型不同，草的高度、半径也不相同，因此不能只从草的数量来判断毒草、杂草对草地的影响程度。例如，样方 5 调查发现，1 号草（高山嵩草）数量最多，883 株，占有绝对优势。平均高 5～7 cm，覆盖半径为 0.7 cm；2 号杂草高 1.1 cm，覆盖半径为 0.9 cm，3 号杂草高 1.4 cm，覆盖半径为 1.2 cm，4 号草高 1 cm，覆盖半径为 7.5 cm；5 号草高 0.8 cm，覆盖半径为 3.5 cm。该样方植被盖度为 45.9%，为中度退化。通过统计分析认为，4 号杂草单株覆盖半径较大，说明其个体生态位范围较 1 号草大，从统计样方的各类草覆盖面积来说，4 号草占据优势，是 1 号草的近 3 倍（图 2-5），这说明 4 号草虽然在数量上不占优势，但是单位面积覆盖度较大，个体为了生存，同其他类草竞争的结果是 4 号草将会占据优势，这是杂草类入侵造成原优势种退化的例子。

表 2-3　毒草、杂草统计表

样方	位置		高程/m	优势种	退化等级	植株数/株		杂草比例/%
	经度	纬度				高山嵩草	杂草	
1	91°18′02″	30°31′44″	4 360	高山嵩草	未退化	2 892	162	5.30
2	92°00′46″	31°33′01″	4 585	高山嵩草	轻度退化	2 461	366	12.95
3	91°52′10″	31°39′38″	4 629	高山嵩草	中度退化	2 609	192	6.85

续表

样方	位置		高程/m	优势种	退化等级	植株数/株		杂草
	经度	纬度				高山嵩草	杂草	比例/%
4	91°30′29″	31°34′21″	4 572	高山嵩草	重度退化	717	592	45.23
5	91°03′57″	31°29′45″	4 607	高山嵩草	重度退化	1 026	480	31.87
6	89°45′39″	31°32′25″	4 590	高山嵩草	重度退化	883	584	39.81
7	88°42′42″	30°56′20″	4 696	高山嵩草	重度退化	573	171	22.98
8	88°43′37″	31°10′34″	4 768	高山嵩草	重度退化	758	463	37.92

表 2-4　各样方不同品种草平均高度、半径统计

样方	1 号草		2 号草		3 号草		4 号草		5 号草	
	高度/cm	半径/cm	高度/cm	半径/cm	高度/cm	半径/cm	高度/cm	半径/cm	高度/cm	半径/cm
1	3～6	0.5	1.2	1.1	1.3	1	3～6	0.5	1.2	1.1
2	5～7	0.5	1.1	1.2	1.2	2	5～7	0.5	1.1	1.2
3	3～7	0.5	1.2	1.3	1.2	3	3～7	0.5	1.2	1.3
4	5～7	0.7	1.2	0.8	1.3	4	5～7	0.7	1.2	0.8
5	5～7	0.7	1.1	0.9	1.4	5	5～7	0.7	1.1	0.9
6	5～7	0.6	4.5	7.5	3.5	6	5～7	0.6	4.5	7.5
7	5～7	0.7	1.5	1.35	1.5	7	5～7	0.7	1.5	1.35
8	5～7	0.8	1.6	1.28	1.6	8	5～7	0.8	1.6	1.28

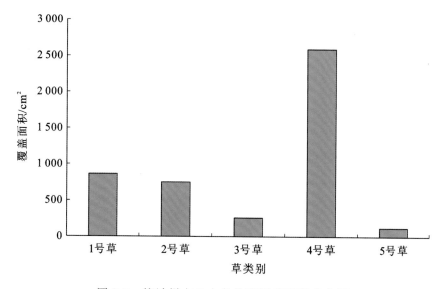

图 2-5　统计样方 5 中各类草覆盖面积直方图

样方 8 处植被主要为高山嵩草、杂草,杂草主要为狼毒,分布及长势较嵩草旺盛,总体植被盖度低,草场退化严重,属于重度退化。为了计算杂草数量,在样方内又选择了 5 m×5 m 样方 5 处进行毒草(狼毒)的统计,其结果如下(表 2-5)。

表 2-5 狼毒草统计表

样方号	株数	最高/cm	最低/cm	平均高度/cm	平均覆盖半径/cm
1	142	22	11	17	12
2	22	21	8	13	7
3	41	25	6	18	10
4	130	17	9	11	7
5	49	22	7	13	8

通过表 2-5 分析,该区域毒草已经占据了优势,草地已经退化,其主要是由外来物种的入侵造成的。

调查中还发现草地退化不仅仅与毒草、杂草比例、不同草类的生态位有关,还与草地鼠害有重要关系。样方 5 中 1 号草(高山嵩草)占有绝对优势,5 号杂草含量相对较小。植被盖度为 22.33%,为重度退化。该退化与外来物种入侵关系不大,主要原因为气候、土壤条件及鼠害活动影响。3 号样方杂草比例仅为 6.85%,草地退化与外来杂草的入侵关系不明显,高山嵩草依然占据主导地位,该处草地退化与鼠害、气候等因素关系较大。

综上所述,外来物种(毒草)的入侵对草地退化具有重要影响。鼠害活动、过牧等外在因素的影响是草地进一步退化的重要因素。

2.3.2 土壤贫瘠状况

研究区土壤类型主要为高山草甸土,其次还有高山草原土、沼泽土、盐渍草甸土等。土壤是绿色植物赖以生存的基础。本次研究共采集土壤样品 57 件,主要分析测试项目有有机质、有效氮、全氮、有效钾、有效磷的含量。

1. 土壤有机质

土壤有机质是土壤固相部分的重要组成成分,尽管土壤有机质的含量只占土壤总量的很小一部分,但它对土壤形成、土壤肥力、改善土壤通透性、吸附性、缓冲性等理化性状等方面都有着极其重要的作用。它含有植物生长所需的各种营养元素,还为土壤微生物生命活动提供碳源和能源。因此,土壤中一定数量和质量的有机质是肥力高低的一个重要标志。据资料显示,西藏高山草甸土有机质平均含量为 6.71%,高山草原土有机质平均含量为 2.13%,与研究区分析结果比较,基本变化不大。

从调查测试的数据看,有机质最高值为 8.73%,最低值为 0.14%,平均值为 2.24%,该值略高于高山草原土有机质平均含量,但是低于高山草甸土平均含量。从图 2-6 中可以看出,无明显退化等级草地有机质含量最高,平均为 3.66%,其次是轻度退化等级,有机质的平均含量为 2.65%,中度退化等级草地有机质的平均含量为 2.06%、重度退化等级草地有机质含量最低,平均为 1.87%。总体上土壤有机质含量随草地退化程度加重而逐渐降低。

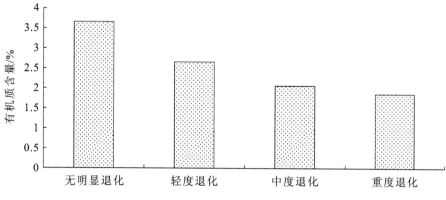

图 2-6　研究区不同退化等级草地土壤有机质含量

草地的退化程度不同,其植被的群落特征、草地动物、微生物的生态环境不同,这些因素必然会影响土壤有机质的形成、积累。

2. 土壤有效氮

土壤有效氮是指土壤中能够迅速被当季作物吸收利用的氮素,主要包括存在于土壤水溶液中或部分吸附在土壤胶体颗粒上的氨和硝酸根,还有少部分能够直接被作物吸收利用的小分子的氨基酸。土壤氮主要呈有机态氮,一般有机态氮占土壤总氮量(全氮量)的 98% 以上,而植物能够吸收利用的无机态氮(铵态氮和硝态氮)不过占 1%～2%,土壤无机态氮归为速效氮。有效氮一般能被当季作物吸收利用,能反映近期土壤氮素的供应状况。

班戈县所采土壤样品有效氮检测结果(图 2-7)显示,无明显退化等级草地土壤的有效氮平均含量为 155.67 mg/kg,轻度退化等级草地土壤的有效氮平均含量为 100.20 mg/kg,中度退化等级草地土壤的有效氮平均含量为 86.75 mg/kg,重度退化等级草地土壤的有效氮平均含量为 73.00 mg/kg。班戈县草地土壤的有效氮含量随草地退化程度的加深逐渐减少,这是因为草地逐渐退化,草地土壤获得的来自于草本植物和来自于牲畜粪便的养分含量减少,同时土壤有机质的不断减少也影响了土壤有效氮含量。

3. 土壤全氮

土壤全氮是土壤中有机氮和无机氮的总量,作物氮素的主要来源。土壤全氮是度量土壤肥力的另一个主要指标。西藏土壤中的全氮含量一般在 0.03%～0.50%,高山草甸土平均值为 0.28%,高山草原土为 0.12%,研究区所采样品分析结果(图 2-8)表明,全氮含量最大值为 0.42%,最小值为 0.02%,平均值为 0.14%,说明研究区土壤全氮含量略高于高山草甸土。从图 2-7 中可以看出,研究区土壤全氮的含量随草地退化程度的增加

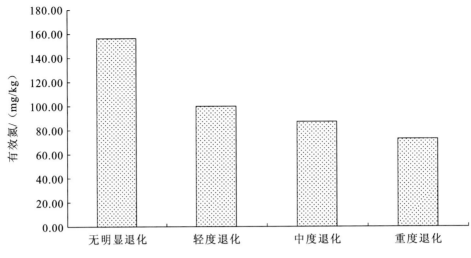

图 2-7　研究区不同退化等级土壤有效氮含量

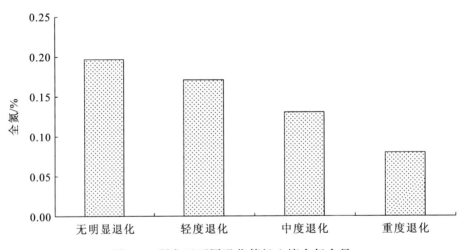

图 2-8　研究区不同退化等级土壤全氮含量

而逐渐减少,无明显退化草地土壤平均全氮含量为 0.20%,轻度退化草地土壤平均全氮含量为 0.17%,中度退化草地土壤平均全氮含量为 0.13%,重度退化草地土壤平均全氮含量为 0.07%。土壤中全氮的含量主要与土壤有机质含量分布有关。无明显退化草地土壤有机质含量高,全氮含量也较高,随着退化程度的增加,有机质含量减少,全氮含量也逐渐降低。

4. 土壤有效磷

土壤有效磷是标志被作物吸收和利用的土壤磷素养分的数量指标。土壤磷素含量高低在一定程度上反映了土壤中磷素的储量和供应能力。研究区土壤有效磷最高为 5.32 mg/kg,最低为 1.05 mg/kg,平均为 2.14 mg/kg。研究区无明显退化等级土壤有效磷含量为 2.48 mg/kg,轻度退化为 1.98 mg/kg,中度退化为 2.10 mg/kg,重度退化为 2.17 mg/kg。随着土壤退化程度的加剧,土壤有效磷表现出先减少再增加的趋势(图 2-9)。

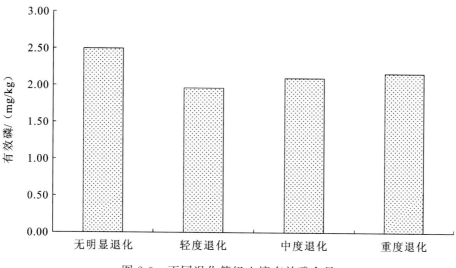

图 2-9　不同退化等级土壤有效磷含量

5. 土壤有效钾

钾是植物生长必需的大量营养元素之一,含钾矿物是土壤有效钾最基本的来源,它可经多种途径风化释放出钾供作物吸收利用。研究区有效钾含量随着草地退化等级的增加逐渐减小(图 2-10)。无明显退化等级土壤有效钾平均含量为 145.22 mg/kg,轻度退化等级平均含量为 137.13 mg/kg,中度退化等级平均含量为 118.08 mg/kg,重度退化等级平均含量为 107.38 mg/kg。土壤有效钾随草地退化等级的增加逐渐减小的原因是,草地逐渐退化,草本植物逐渐减少,植物根系对钾的直接吸收降低,或植物根系释放的有机酸减少,影响了矿物钾的释放,从而影响了土壤有效钾的含量,继而达到退化。

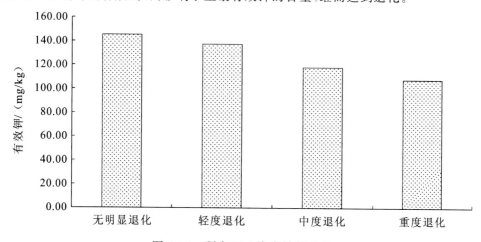

图 2-10　研究区土壤有效钾含量

2.3.3　鼠害及病虫害破坏

西藏90％以上的草原都发生过鼠害(图2-11),且分布极广。危害动物种类主要为高原鼠兔。据不完全统计,1995～2004年全区鼠害危害面积为70 000万亩,约占全区草场面积的58％;其中,严重危害面积14 000万亩,约占全区草场面积的11.6％。各分县鼠害危害面积、防治面积等无人作过精确的统计,这方面的资料欠缺。另外,1995～1999年每年鼠害防治面积约100万亩,2000～2004年每年鼠害防治面积约500万亩。

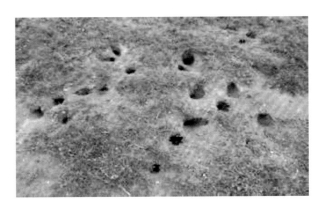

图2-11　草地鼠洞

1. 调查点分述

本次鼠害调查范围主要在藏北地区,覆盖除了藏北地区的班戈县外还调查了邻近的当雄、那曲、聂荣、安多、申扎等县。调查点所在县基本为纯牧业县,鼠害的危害程度对当地的经济发展影响相对较大。调查点样方的大小均为50 m×50 m的方形,面积为0.25 hm²。

调查研究中发现鼠害的发生与草场的退化这两者之间具有非常紧密的相互作用关系。在草场未发生明显退化的样方中,鼠害发生的概率为50％;而已发生鼠害的样方在植被覆盖率、植株的高度和物种多样性等方面较未发生鼠害的区域都有较为明显的退化趋势。在草场发生轻度退化的样方中,鼠害的发生率则为100％。草场退化加剧,鼠害发生的概率则随之减少。在草场发生中度退化的样方中,鼠害发生的概率则下降到了75％。在草场重度退化的样方中,鼠害发生概率则进一步下滑到25％(图2-12)。

2. 鼠害的危害程度与植被退化的关系

鼠类对草场的危害一般都要经历鼠类入侵→种群扩大→种群极盛→鼠类消失的由少到多再到种群迁移或灭失的过程,这种过程也是伴随着植被退化程度的加剧而演变的。

调查样方中,无鼠害的样方有16个,其中,草场未见明显退化的两个,草场中度退化的两个,草场重度退化的12个。在无明显退化的两个样方中,一个是处于安多县无鼠害示范区内;另一个植被盖度很高,植株的平均高度在45 cm左右,这种植被盖度和植株高度与藏北主要害鼠——高原鼠兔的适宜生境相悖。在植被中度退化的两个样方中,一个

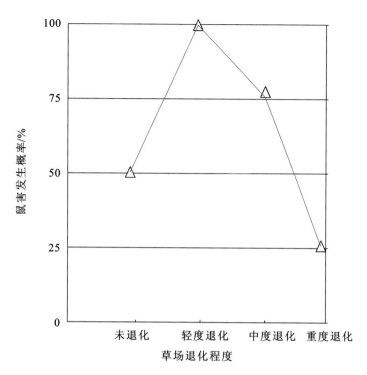

图 2-12　鼠害发生概率与草场退化程度关系图

已经接近中度退化程度,大量的狼毒类及杂草类植物侵入;另一个原因不明,只是在该样方中见有多处高约 3 cm、直径为 5～10 cm 的蚁穴。存在轻度鼠害的样方有 3 个,其中,未见明显植被退化的 1 个,退化严重的 2 个。存在中度鼠害的样方 9 个,其中,植被未见明显退化的 1 个,植被轻度退化的 7 个,退化严重的 1 个。鼠害非常严重的样方 7 个,其中,植被中度退化的 6 个,退化严重的 1 个。通过对藏北鼠害调查样方的研究分析发现,鼠害与草地退化存在密不可分且相互作用的关系。

　　在未退化的草场中,植被覆盖度极高,植株间距紧密,植株长势茂盛,牧草高且密。在这种地方很难寻觅高原鼠兔等鼠类的踪迹,因为该种环境不符合鼠兔等的生活习性。草场的退化趋势使植被盖度降低、植株高度降低从而出现了鼠类的适宜生境导致鼠类入侵。在未退化或趋向退化的草场中,大量的优质牧草成为高原鼠兔的可口美食,鼠类超强的繁殖能力在这种环境中得到了极大释放,种群数量在短时期内极度膨胀。种群数量的增长加大了食物的消耗,日益增多的鼠洞也影响了草地的生产能力,使草、鼠、畜之间的矛盾日益加剧,对草地的需求越来越得不到满足。这个时期草场进入了中度退化的阶段。草场的进一步退化使有毒植物,如狼毒类和其他杂草入侵,优良牧草的面积迅速缩小,食物的供给已经不能满足急增的种群数量的需要,鼠类寻找其他适宜的生境迁移或自然减少。植被严重退化后期的区域难以再见到优良牧草,鼠类基本也就从这个区域彻底消失了。

　　因此,鼠类从开始入侵到种群急增到逐渐消失的整个过程与草场的退化加剧过程息息相关。草地退化初期出现的鼠害是加速藏北草地退化的重要因素,可以说是草场的退化导致了鼠害的发生与加剧,而鼠类的危害又加速了草场的退化。

2.3.4　地质灾害破坏

　　藏北地质灾害频发,这与该区地形地貌、地质构造关系密切。据西藏自治区生态环境地质研究所 2008 年 9 月的调查结果显示,班戈县已经发现较严重的地质灾害点有 30 处,其中,崩塌 7 处、泥石流 21 处、地面塌陷 2 处;申扎县地质灾害 36 处,其中,滑坡 1 处,崩塌 13 处、潜在崩塌 2 处、泥石流 18 处及潜在泥石流 2 处。地质灾害不但毁坏房屋、工程建筑、道路交通,还毁坏农田、草场等,给人民的生命财产造成巨大损失。地质灾害毁坏草场,多发生在靠近山坡沟口地段,一般灾害类型为泥石流。由于在县市地质灾害调查与区划工作中,重在"以人为本",所以对泥石流毁坏草场不做过多的调查、研究,但是该灾种对草场的危害是巨大的(图 2-13)。

图 2-13　泥石流对草场的破坏

2.3.5　大风的破坏

　　青藏高原地势高亢、气候寒冷,土壤矿物物理风化强烈、土壤形成过程中化学作用和生物过程较弱,因而土壤发育程度低,肥力差;加上水体含盐量高、蒸发量大,降水少,容易造成土壤盐碱化,加剧草地退化。

　　藏北地区处于高原腹地,植被结构简单、植株低矮、稀疏,甚至是裸露地表。冬春季节处于平直西风环流控制下,高层动量下传,寒冷空气下沉,容易造成晴朗、少雨、大风天气。强劲的风力使牧草遭受机械损伤,破坏牧草的形态结构,大风还加剧土壤水分蒸发,使本来就干燥的土壤变得更加干燥。大风常吹走土壤表层的细粒、使土壤结构丧失、肥力降低,引起土壤沙化,甚至引起严重的风蚀现象,最终导致土壤退化、沙化。大风引起的风沙常淹没牧草,影响牧草正常生长发育,使牧草品质和产量下降,严重时导致局部草地荒漠化,甚至沙漠化,严重破坏脆弱的草原生态系统。藏北是我国大风较多的地区之一,每年大风给农牧业生产、生态环境带来的影响不容忽视。

2.3.6　矿产开发活动的影响

班戈县矿产资源储量大,矿业开发多,如日阿铜多金属矿、达如错东铜矿、夹穷西铅铜矿、西藏那曲双湖特别区松钦镍铁矿、班戈县其那南铬铁矿、其那铬铁矿等,这些矿业开发活动必然破坏草地(图2-14),矿区周边草地因受碾压影响已严重退化。由于藏北牧区地广人少、固定道路、硬化的道路很少,造成汽车、摩托车在平坦的草原上任意行驶,碾压草原的破坏行为时有发生。随着经济的快速发展,西藏县县通公路工程的不断深入实施,工程开挖,弃渣、弃土堆放,给草地带来了致命的破坏,许多多年冻土层上的草甸一旦破坏,将无法恢复。

图 2-14　开矿对草场的破坏

参 考 文 献

西藏自治区统计局,2002.西藏自治区统计年鉴.北京:中国统计出版社.

蔡晓布,2003a.西藏"一江两河"地区土壤退化特征.土壤肥料(3):4-7.

蔡晓布,2003b.西藏中部草地及农田生态系统的退化及其机制.生态环境,12(2):203-207.

蔡晓布,钱成,黄界,等,1996.雅鲁藏布江中游地区水土流失及其防治对策.水土保持通报,16(6):48-53.

高清竹,江村旺扎,李玉娥,等,2006.藏北地区草地退化遥感监测与生态功能区划.北京:气象出版社.

兰玉蓉,2004.青藏高原高寒草甸草地退化现状及治理对策.青海草业,13(1):27-30.

李才,翟庆国,徐锋,等,2003.藏北草地资源及其演化趋势:以申扎地区为例.地质通报,22(Z1):

991-998.

李明森,2000.藏北高原草地资源合理利用.自然资源学报,15(4):335-339.

刘淑珍,周麟,仇崇善,等,1999.西藏自治区那曲地区草地退化沙化研究.拉萨:西藏人民出版社.

孙磊,魏学红,郑维列,2005.藏北高寒草地生态现状及可持续发展对策.草业科学,22(10):10-12.

王秀红,郑度,1999.青藏高原高寒草甸资源的可持续利用.资源科学,21(6):8-42.

杨富裕,张蕴微,苗彦军,等,2003.藏北高寒退化草地植被恢复过程的障碍因子初探.水土保持通报,23(4):17-20.

杨汝荣,2003.西藏自治区草地生态环境安全与可持续发展问题研究.草业学报,12(6):24-29.

张建平,陈学华,邹学勇,等,2001.西藏自治区生态环境问题及对策.山地学报,19(1):81-86.

钟诚,何宗宜,刘淑珍,2005.西藏生态环境稳定性评价研究.地理科学,25(5):573-578.

周华坤,赵新全,周立,等,2005.青藏高原高寒草甸的植被退化与土壤退化特征研究.草地学报,14(3):31-40.

Cao G M,Tang Y H,Mo W H,2004. Grazing intensity alters soil respirationin an alpinemeadow on the Tibetan Plateau. SoilBiology & Biochemistry(36):237-243.

Gao Y,Luo P,Wu N,et al,2007. Biomass and nitrogen responses to grazing intensity in an alpin emeadow on the eastern Tibetan Plateau. Polish Journal of Ecology,55(3):469-479.

Luo T X,Li W H,Zhu H Z,2002. Estmiated biomass and productivity of natural vegetation on the Tibetan Plateau. Ecological Applications,12(4):980-997.

Wang G X,Qian J,Cheng G D,et al,2002. Soil organic carbon pool of grassland soilson the Qinghai-Tibetan Plateau and its global implication. Science of the Total Environment,291(1/3):207-217.

Xu L L,Zhang X Z,Shi P L,et al,2005. Establishment of apparent quantum yield and maxmium ecosystem assimilation on Tibetan Plateau alpinemeadow ecosystem. Science in China Series D-Earth Sciences(48):141-147.

Zhang Y Q,Tang Y H,Jiang J,et al,2007. Characterizing the dynamics of soil organic carbon in grasslands on the Qinghai-Tibetan Plateau. Science in China Series D-Earth Sciences,50(1):113-120.

第 3 章 草地退化动态分析

3.1 植被遥感原理

自然界中的任何物体都具有吸收、反射和透射外来的紫外线、可见光、红外线和微波等某些波段的特性；同时，任何物体，如土地、河流、森林、农作物、植被、金属物体、空气等，只要其温度高于 0 K 都能进行热辐射，但是对哪个波长范围的电磁波最敏感，以及能反射、辐射和吸收到怎样的程度，则要由物体的物理和化学特征来决定。换句话说，对于各种不同的物体，它们反射、吸收或辐射电磁波的规律都是不一样的。不同物体反射、辐射和吸收电磁波的规律不同，这种规律称为物体的光谱特性。光谱特性是遥感技术探测的重要理论依据，也是利用电子计算机进行遥感数字图像处理和分类的参考标准。

在遥感影像上，植物的光谱特征与其他地物的区别在于"叶绿素效应"。植被在可见光波段（0.40～0.76 μm）有一个小反射峰，位置在 0.55 μm（绿）处，两侧 0.45 μm（蓝）和 0.67 μm（红）则有两个吸收带；而在近红外波段，植被的反射率急剧增加。同时不同的植物各有其自身的波谱特征，植被的这种波谱特征对于开展植被与非植被的区分、不同植被类型的识别、植被长势的监测非常重要。

根据植被的光谱特性，将在轨道卫星的红光和红外波段的不同组合进行植被研究，发现其包含 90% 以上的植被信息，简单、有效地反映地表植被覆盖状况。波段间的不同组合形成各种植被指数。可以利用植被指数进行植被宏观监测及生物量估算，因此植被指数在植被遥感中占据重要的地位。目前已经定义了 40 多种植被指数（表 3-1），广泛应用在植被覆盖、分类和作物与牧草估产、植被退化、干旱监测、火灾等方面。

表 3-1　主要植被指数

名称	简写	公式	作者
比值植被指数	RVI	$RVI = \dfrac{\rho_{NIR}}{\rho_{RED}}$	Pearson 等（1972）
差值植被指数	DVI	$DVI = \rho_{NIR} - \rho_{RED}$	Richardson 等（1977）
土壤调整植被指数	SAVI	$SAVI = \dfrac{\rho_{NIR} - \rho_{RED}}{\rho_{NIR} + \rho_{RED} + L} \cdot (1+L)$	Huete （1988）
修正土壤调整植被指数	MSAVI	$MSAVI = \dfrac{2\rho_{NIR} + 1 - \sqrt{(2\rho_{NIR}+1)^2 - 8(\rho_{NIR}-\rho_{RED})}}{2}$	Running 等（1994）
增强型植被指数	EVI	$EVI = 2.5 \times \dfrac{\rho_{NIR} - \rho_{RED}}{\rho_{NIR} + 6.0\rho_{RED} - 7.5\rho_{BLUE} + 1}$	Huete 等（1999）
垂直植被指数	PVI	$PVI = \sqrt{(S_R - V_R)^2 - (S_{VIR} - S_{VR})^2}$	Jackson 等（1980）
归一化植被指数	NDVI	$NDVI = \dfrac{\rho_{NIR} - \rho_{RED}}{\rho_{NIR} + \rho_{RED}}$	Rouse 等（1974）
转换型土壤调整指数	TSAVI	$TSAVI = \dfrac{a(NIR - aR - b)}{R + aNIR - ab}$	Baret 等（1989）
修改型土壤调整植被指数	MSAVI	$MSAVI = (2NIR+1) - \sqrt{(2NIR+1)^2 - 8(NIR-R)/2}$	Qi 等（1994）
大气阻抗植被指数	ARVI	$ARVI = \dfrac{\rho_{nir}^{*} - \rho_{rb}^{*}}{\rho_{nir}^{*} + \rho_{rb}^{*}}$	Kaufman （1992）
土壤和大气阻抗植被指数	SARVI	$ARVI = \dfrac{\rho_{nir}^{*} - \rho_{rb}^{*}}{\rho_{nir}^{*} + \rho_{rb}^{*} + L}$	Huete （1988）
增强型植被指数	EVI	$EVI = G\dfrac{\rho_{nir}^{*} - \rho_{reb}^{*}}{\rho_{nir}^{*} + C_1\rho_{reb}^{*} - C_2\rho_{blue}^{*} + L}(1+L)$	Huete 等（1997）
新型植被指数	NVI	$NVI = \dfrac{\rho_{777} - \rho_{747}}{\rho_{673}}$	Gupta 等（2001）
红外指数	II	$II = \dfrac{NIR_{TM4} - MidIR_{TM5}}{NIR_{TM4} + MidIR_{TM5}}$	Hardisky 等（1983）

不同时期提出的植被指数是与该时期的遥感技术以及数据源的获取方式紧密联系在一起的。同时,不同的植被指数有各自的局限性和应用范围。通过波段线性组合或比值指数计算的植被指数只能满足特定的应用目的。例如,最早发展的比值植被指数(ratio vegetation index,RVI)主要用来估算农作物的产量和监测植被覆盖,并研究卫星遥感数据获取的植被信息。该比值植被指数只在植被覆盖度大于 50% 的情况下效果较好,当植被覆盖度小于 50% 时,分辨率差,RVI 对大气状况很敏感,大气效应大大地降低了它对植被监测的灵敏度,尤其是当 RVI 值高时。针对作物生长阶段绿色植被测量用农业植被指数(agricultural vegetation index,AVI);为了观测不同日期植被覆盖条件的变化和作物类型的分类用多时相植被指数(multi-temporal vegetation index,MTVI)。近年来,随着热红外遥感及高光谱遥感、高分辨率遥感研究的深入,又发展了新的植被指数,如红边植被指数、温度植被指数、生理反射植被指数、导数植被指数等。虽然植被指数很多、许多新的植被指数由于考虑了土壤背景、大气影响等多种因素而显得更为全面,但目前归一化植被指数(NDVI)仍占有重要的地位,常用它来评价基于遥感影像和模拟新的植被指数,属于应用最广的植被指数。

3.2　遥感数据的选取

研究区遥感数据选取中,采用不同时期不同分辨率的遥感影像数据,包括 1989~1992 年的 TM 影像、1999~2000 年的 ETM+ 数据和 2009 年的 CBERS 数据。遥感影像元数据信息见表 3-2。

表 3-2　遥感数据信息表

轨道号	卫星	卫星发射时间	数据获取时间	空间分辨率	传感器
138/38	Landsat5	1984/03	1992/08/31	30 m	TM
138/39	Landsat5	1984/03	1991/09/14	30 m	TM
139/38	Landsat5	1984/03	1990/06/30	30 m	TM
139/39	Landsat5	1984/03	1989/08/10	30 m	TM
140/38	Landsat5	1984/03	1992/09/30	30 m	TM
140/39	Landsat5	1984/03	1992/09/30	30 m	TM
138/38	Landsat7	1999/04/15	2001/06/13	30 m	ETM+
138/39	Landsat7	1999/04/15	1999/09/19	15 m	ETM+
139/38	Landsat7	1999/04/15	1999/09/19	15 m	ETM+
139/39	Landsat7	1999/04/15	2000/10/08	15 m	ETM+

轨道号	卫星	卫星发射时间	数据获取时间	空间分辨率	传感器
140/38	Landsat7	1999/04/15	2000/10/30	15 m	ETM+
140/39	Landsat7	1999/04/15	2000/10/30	15 m	ETM+
35/80	CBERS2	2003/10/21	2009/06/16	19.5 m	CCD 相机
35/73	CBERS2	2003/10/21	2009/07/17	19.5 m	CCD 相机
35/72	CBERS2	2003/10/21	2009/07/17	19.5 m	CCD 相机
31/80	CBERS2	2003/10/21	2009/05/27	19.5 m	CCD 相机
33/76	CBERS2	2003/10/21	2009/06/28	19.5 m	CCD 相机
35/73	CBERS2	2003/10/21	2009/07/15	19.5 m	CCD 相机
31/78	CBERS2	2003/10/21	2009/08/03	19.5 m	CCD 相机
33/78	CBERS2	2003/10/21	2009/09/04	19.5 m	CCD 相机

　　研究区涉及的 TM,ETM 遥感数据每期六景,CBERS 共计八景,图 3-1 为 2000 年左右的 ETM 遥感影像数据。

　　　　（a）轨道号138038　　　　　　　　　　　（b）轨道号138039

图 3-1　研究区 Landsat 遥感假彩色图像（成像于 2000 年,波段组合 741）

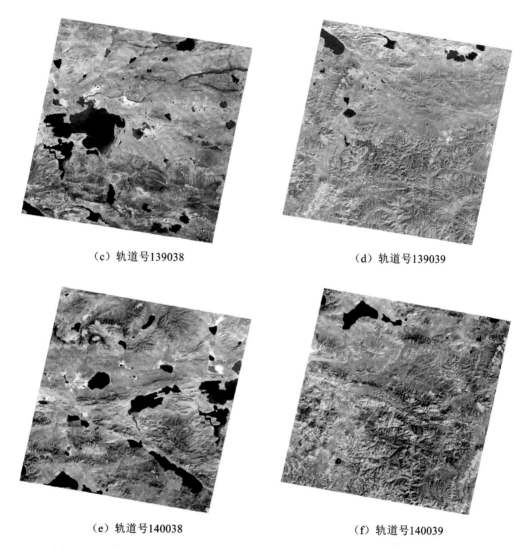

（c）轨道号139038　　　　　　　　　　　　　　（d）轨道号139039

（e）轨道号140038　　　　　　　　　　　　　　（f）轨道号140039

图 3-1　研究区 Landsat 遥感假彩色图像（成像于 2000 年，波段组合 741）（续）

3.3　遥感影像预处理

遥感影像处理是遥感专题信息提取和应用的前提条件。遥感影像预处理技术流程总体上有一定的模式,但是不同的遥感影像和不同的应用目的,处理的技术方法也略有差异。本次采用的遥感数据已经经过大气校正,因此本书不作讨论。本书的研究中,预处理技术流程如图 3-2 所示。

本书的研究是在合成的标准假彩色影像上进行植被专题解译。在遥感影像上,植被的影像呈现出一定范围的群体分布,不是单个个体的分布。根据色调的差异来对植被类

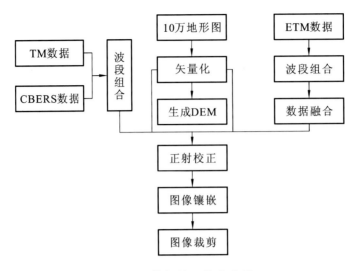

图 3-2   数据处理技术路线

型、疏密情况、生长状况进行解译。解译时先建立解译标志,解译标志要考虑地物的形状、大小、颜色、纹理、阴影和位置及相关布局,运用目视解译与机助解译相结合的方式进行交互式解译。

3.3.1   波段组合与选择

在 ERDAS IMAGINE 软件中利用 Image Interpreter 模块下的 Layer Stack 命令进行波段组合。根据选择波段彼此相关性最小而又便于人的视觉识别的组合原则,本书通过反复的实验,发现 ETM+ 4,3,2 波段组合获取的遥感图像植被盖度信息提取效果最佳,是最优波段组合;TM 数据和 CBERS 数据采用 4,3,2 波段进行 RGB 彩色合成在植被信息提取时效果较好。三种类型的遥感数据经过处理后的遥感图像具有色彩鲜艳、纹理清晰、地貌立体感强、水系格局明显、信息量丰富的特点。

3.3.2   正射校正

利用 ERDAS IMAGINE 软件对地形图进行几何校正,采用 MapGIS 软件开展地形图矢量化,生成数字高程模型(DEM),为后期遥感数据正射校正处理做准备。以地形图为基准,通过引入 DEM,对 TM/ETM/CBERS 分别采用相应的模型开展遥感影像正射校正,使遥感图像与参考的地形图地理坐标保持一致。遥感数据投影信息与地形数据投影信息一致,本书采用 UTM 投影(横轴墨卡托投影)。

3.3.3　图像镶嵌、裁剪

因为研究区往往很难只涉及一景完整遥感影像,通常涉及多景影像或某些遥感影像的一部分,所以要对遥感图像进行镶嵌和裁剪处理。本书的研究中,影像镶嵌在 ERDAS 软件的 Data Preparation 模块中的 Mosaic Image 命令下进行。经过镶嵌的影像范围大于实际工作区范围时,还需要利用 ERDAS IMAGINE 软件中的 Data Preparation 模块下的 Subset 命令对多余的影像进行裁剪,建立研究区 AOI,得到实际的工作区范围。图 3-3 为研究区 2000 年六景遥感数据镶嵌裁剪整体影像图。

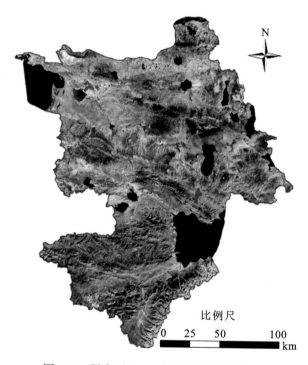

图 3-3　研究区 2000 年遥感影像镶嵌图

3.3.4　建立解译标志

在全球定位系统 GPS、地理信息系统软件(ARC/INFO)及遥感解译软件 ERDAS 的支持下,以 1990 年、2000 年、2009 年三组不同时相的陆地资源卫星 ETM 及 TM 影像、中巴卫星 CBERS 为基本信息源,在野外调查和历史资料分析的基础上,建立遥感解译标志。然后采用计算机人机交互方式,对水资源、交通、草地、裸地、雪地、植被覆盖度等级分类的典型遥感影像判读标志。

3.4 草地退化监测

3.4.1 植被覆盖度提取技术路线

植被覆盖度一般定义为植被(包括茎、叶)在地面统计区域的垂直投影面积占统计区总面积的百分比。植被覆盖度直接表征了地表植被覆盖的多少,大致反映了资源和生态环境的好坏程度。植被覆盖度在地表和大气边界层的物质与能量交换中是一个起到重要作用的参数。本次工作选择植被覆盖度的变化作为区内草地变化的重要指标进行研究。

遥感的重要应用领域之一是利用多时相遥感影像监测分析资源环境的动态变化。基本思想是利用遥感采样迅速、数据量大、可重复获取的优势,利用多时相卫星影像的动态反演来进行长时间动态分析。目前,利用多时相遥感数据进行动态变化分析的技术方法主要包括比值运算、图像差值、分类比较、统计分析等。这些变化分析方法各有特色和侧重点。本书利用归一化植被指数(NDVI)进行区域植被变化研究。其基本原理是,根据遥感影像提取不同时相的 NDVI 图,使用 ERDAS 中的建模工具 Spatial Modeler 计算植被覆盖度,利用非监督分类方法对植被覆盖度进行分类、上色,得到各时期植被覆盖度分类图,根据不同时期植被覆盖度划分草地退化等级。

利用影像资料进行植被覆盖度信息提取的过程主要包括图像预处理、计算 NDVI值、生成植被盖度分类图等步骤(图 3-4)。

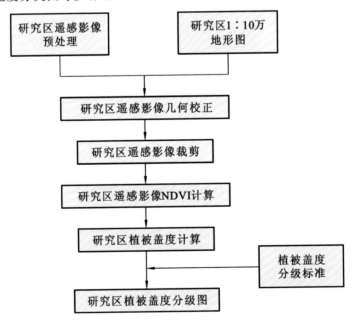

图 3-4 植被覆盖度信息提取技术路线

3.4.2　植被覆盖度信息提取

　　传统获取植被覆盖度的地面测量方法,如通过目估法和照相法提取植被覆盖度,只能进行小区域的植被覆盖度监测,不可能给出大尺度地区的宏观植被信息。遥感技术的发展为植被覆盖度估算,特别是为空间上大范围的植被覆盖度的获取与变化监测提供了可能。本次利用遥感影像来分析和估算西藏班戈县 20 年来的植被覆盖度变化情况。

　　植被指数法是通过传感器波段信号构成的植被指数与植被覆盖度建立转换关系,进而估算植被覆盖度的一种方法。植被指数转化为植被覆盖度的常用方法有经验模型法和混合像元法两种。经验模型法适用于时相较近的遥感影像,对于需要长时间观察的、时间跨度较大的影像,十年或者几十年前的影像数据,由于无法获取对应年份的实测植被覆盖度、无法建立相应的对应关系,该方法受到时间的约束。混合像元法通过技术手段进行植被指数向植被覆盖度的转换,首先假设遥感影像的像元信息分为植被信息和非植被信息两部分,再通过用数学方法估算其中的植被信息比重,即植被覆盖度。由于这一方法不需要对应年份的样区植被覆盖度实测值、对遥感影像的现势性要求不高,适合研究长时间的植被覆盖度的遥感动态监测。

　　混合像元法是将遥感影像中的像元信息 S 简单分为植被信息 S_v 和非植被信息 S_n 两部分,即

$$S = S_v + S_n \tag{3-1}$$

　　假设一个像元中有植被覆盖的面积比例为 f_c,该像元的植被覆盖度也为 f_c,而非植被覆盖的面积比例就是 $1 - f_c$。如果全植被覆盖的像元信息为 S_{veg},那么混合像元的植被部分所贡献的信息 S_v 可以表示为 S_{veg} 与 f_c 的乘积:

$$S_v = f_c \times S_{veg} \tag{3-2}$$

　　同理,如果完全无植被覆盖的像元信息为 S_{non},混合像元的非植被信息 S_n 可以表示为 S_{non} 与 $1 - f_c$ 的乘积:

$$S_n = (1 - f_c) \times S_{son} \tag{3-3}$$

　　对以上公式进行变换,可以得到以下计算植被覆盖度的公式:

$$f_c = (S - S_{non})/(S_{veg} - S_{non}) \tag{3-4}$$

　　混合像元法模型表达了遥感信息与植被覆盖度的关系,S_{veg} 与 S_{non} 分别表示完全植被覆盖与完全无植被覆盖的纯像元所反映的遥感信息,减弱了土壤背景、大气与植被类型等诸多因素的影响,较好地保留了植被覆盖的信息。在遥感软件平台上通过研究和分析研究区的土地利用/植被情况,从全植被覆盖的林草地中确定 S_{veg} 值,另外,从裸土地和沙石地中确定 S_{non} 值,再利用植被覆盖度计算公式求得研究区植被覆盖度。

　　归一化植被指数(NDVI)同样是根据遥感传感器所接收的地物光谱信息推算出的反映地表植被覆盖状况的定量值。根据混合像元法模型,一个像元的 NDVI 值包括绿色植被覆盖部分所贡献的信息 $NDVI_{veg}$ 值与无植被覆盖部分所贡献的信息 $NDVI_{non}$ 值,同样也

满足上述公式的条件,因此,将 NDVI 代入得

$$f_c = (NDVI - NDVI_{non})/(NDVI_{veg} - NDVI_{non}) \tag{3-5}$$

式中:$NDVI_{veg}$ 表示完全被植被所覆盖的像元的 NDVI 值,即纯植被像元的 NDVI 值;$NDVI_{non}$ 表示裸土或无植被覆盖区域的 NDVI 值。根据以上公式计算得到班戈县 3 个年份的 NDVI 值图(图 3-5~图 3-7)。

图 3-5 1990 年班戈县草地覆盖 NDVI 图   图 3-6 2000 年班戈县草地覆盖 NDVI 图

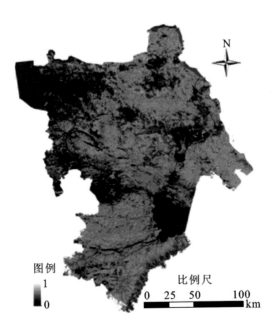

图 3-7 2009 年班戈县草地覆盖 NDVI 图

3.4.3　研究区草地退化的时空变化趋势

根据上述理论借助 1990 年的 TM 遥感图像、2000 年的 ETM＋遥感图像、2009 年的中巴遥感图像对西藏班戈县的植被覆盖度分别进行计算，得到植被覆盖度分类图。

经过 ERDAS IMAGINE 软件 MODEL MAKER 模块输出的植被覆盖图是灰度图像，为了便于分析比较，在 ERDAS IMAGINE 软件非监督分类模块中将灰度图进行分级赋色。非监督分类把像元的光谱特征作为分类标准，把光谱特征相同的像元归并到同一类别中。

为了直观地表达研究区植被覆盖度的空间分布情况，研究中对植被覆盖度的结果进行了分级和制图。分级的原则是将植被覆盖度从 0～1 按每 0.1 为一变化区间，共分 10 级输出，输出时每级设定不同的颜色。对三期植被覆盖度的差值图像进行分级和设色，可以表达研究区的不同植被覆盖面积相互之间的转变关系。

植被覆盖度的分级标准以及植被覆盖度分级的阈值都不完全相同。把草地覆盖度作为主因子将草地退化等级分为无明显退化、轻度退化、中度退化、重度退化 4 个等级：≥85％为无明显退化；≥60％，＜85％为轻度退化；＞25％，＜60％为中度退化；≤25％为重度退化。由此得到研究区草地退化分级图（图 3-8～图 3-10）。

在 ArcGIS 软件中统计得到各时期草地退化分级面积（表 3-3）。

表 3-3　班戈县 1990～2009 年植被覆盖度统计表

班戈县	1990 年		2000 年		2009 年	
	面积/×10⁴ hm²	所占比例/％	面积/×10⁴ hm²	所占比例/％	面积/×10⁴ hm²	所占比例/％
无明显退化	158.46	66.90	35.26	15.75	66.12	29.73
轻度退化	58.60	24.74	90.34	40.35	91.97	41.35
中度退化	14.13	5.97	70.20	31.36	50.35	22.64
重度退化	5.66	2.39	28.07	12.54	13.96	6.28

1990～2009 年近 20 年班戈县植被覆盖度发生了很大的变化，总体变化趋势是草地退化面积不断增加和中度、重度退化面积在总退化面积中所占比例不断增加。1990 年草地退化主要发生在班戈县西北部、东北部、中部、东南部。轻度退化主要分布在新吉乡东北部、普保镇中部、德庆镇东北部、保吉乡西北部。轻度退化总面积为 58.60×10⁴ hm²，占总草地面积的 24.74％。中度退化主要发生在新吉乡东南部、德庆镇北部、保吉乡中部，面积为 14.13×10⁴ hm²，占总草地面积的 5.97％。重度退化主要发生在门当乡西北部、北拉乡西北部，重度退化面积为 5.66×10⁴ hm²，占总草地面积的 2.39％。

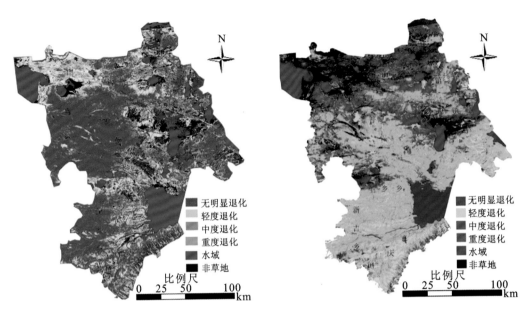

图 3-8 1990 年班戈县草地退化图   图 3-9 2000 年班戈县草地退化图

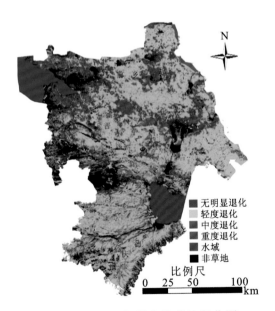

图 3-10 2009 年班戈县草地退化图

2000 年班戈县草地退化主要发生在巴木错以北。相比 1990 年的草地退化图,2000 年班戈县北部退化面积在增大。2000 年班戈县无明显退化草地主要分布在青龙乡南部、保吉镇东南部、德庆镇东部。轻度退化发生在新吉乡和德庆镇大部分区域,青龙乡东部、尼玛乡南部,轻度退化面积为 90.34×10^4 hm²,占总草地面积的 15.75%。中度退化发生在新吉乡东南部、西部,佳琼镇西北部、东北部,退化面积为 70.20×10^4 hm²,占总草地面积的 40.35%。重度退化发生在新吉乡西南部、门当乡西北部、普保镇西北部、佳琼镇大部分区域,退化面积为 28.70×10^4 hm²,占总草地面积的 12.54%。

2009 年班戈县总体植被发育情况是东南部好于西北部。无明显退化发生在新吉乡大部分区域、普保镇南部、保吉乡北部。轻度退化主要发生在尼玛乡东部、北拉乡大部分区域、青龙乡南部,退化面积达 91.97×10^4 hm²,占总草地面积的 41.35%。中度退化主要发生在门当乡西北部、普保镇东北部、保吉镇西北部、青龙乡西部,退化面积达 50.35×10^4 hm²,占总草地面积的 22.64%。重度退化主要发生在门当乡西北部、青龙乡北部、保吉乡东北部、普保镇东南部,退化面积达 13.96×10^4 hm²,占总草地面积的 6.28%。

1990～2009 年班戈县植被退化面积增加了 77.89×10^4 hm²,其中,以轻度退化和中度退化增加为主,分别由 58.60×10^4 hm² 和 14.13×10^4 hm² 增加到了 91.97×10^4 hm² 和 50.35×10^4 hm²,增加了 33.37×10^4 hm² 和 36.22×10^4 hm²。1990 年退化面积为 78.39×10^4 hm²,占所有草地面积的 33.09%,2009 年提高到 70.26%,面积达 156.28×10^4 hm²;无明显退化比例由 1990 年的 66.90% 下降为 2009 年的 29.73%,轻度退化比例由 24.74% 增加到 41.35%,中度退化比例由 5.97% 增加到 22.64%,重度退化比例变化不大。

从整个 1990～2009 年的遥感数据分析,可以明显看出两个时间段植被退化的情况不一样。1990～2000 年这个时间段,班戈县植被总退化面积在增加,退化强度在加剧,部分草地已经退化成裸地。1900～2000 年草地退化面积增加到 188.61×10^4 hm²,10 年间总退化面积增加了 110.22×10^4 hm²,轻度退化面积增加了 31.74×10^4 hm²,增加量主要来源于未退化草地。中度退化草地增加了 56.07×10^4 hm²,重度退化草地增加了 22.41×10^4 hm²,中度退化面积增加最多,增加量主要来源于轻度退化草地。1990 年退化草地以轻度退化等级为主,占草地总面积的 24.74%,中度和重度退化相对较少,分别占 5.97% 和 2.39%;而在 2000 年的草地中,轻度退化的比例占 40.35%,比 1990 年上升了 15.61 个百分点,中度和重度退化的比例分别占 31.36% 和 12.54%,比 1990 年分别上升了 25.39、10.15 个百分点。从 2000～2009 年的遥感图像分析,草地退化面积减少了 32.39×10^4 hm²,其中,轻度退化面积增加了 1.63×10^4 hm²,比例从 40.35% 上升到了 41.35%,升高了 1 个百分点,中度和重度退化面积分别减少了 19.85×10^4 hm² 和 14.11×10^4 hm²,比例分别下降了 8.72、6.26 个百分点。后一阶段较前一阶段退化面积在减少,植被覆盖率逐步提高,草地退化程度有减轻趋势。后 10 年较之前 10 年,植被覆盖度有所提高,但整体逆转效果并不显著,草地退化状况依然严峻。

参 考 文 献

曹旭娟,干珠扎布,梁艳,等,2016.基于 NDVI 的藏北地区草地退化时空分布特征分析.草业学报,25 (3):1-8.

陈云浩,李晓兵,史培军,2001.1983-1992 年中国陆地 NDVI 变化的气候因子驱动分析.植物生态学报, 25(6):716-720.

除多,德吉央宗,普布次仁,等,2007.西藏藏北高原典型植被生长对气候要素变化的响应.应用气象学 报,18(6):832-839.

戴睿,刘志红,娄梦筠,等,2013.藏北那曲地区草地退化时空特征分析.草地学报,21(1):37-41.

丁明军,张镱锂,刘林山,等,2010.1982-2009 年青藏高原草地覆盖度时空变化特征.自然资源学报,25 (12):2114-2122.

杜军,马有才,2004.西藏高原降水变化趋势的气候分析.地理学报,59(3):375-382.

杜军,边多,胡军,2007.西藏近 35 年照时数的变化特征及其影响因素.地理学报,62(5):492-500.

冯琦胜,高新华,黄晓东,等,2011.2001-2010 年青藏高原草地生长状况遥感动态检测.兰州大学学报,47 (50):75-81.

高清竹,李玉娥,林而达,等,2005.藏北地区草地退化的时空分布特征.地理学报,60(6):965-973.

高清竹,万运帆,李玉娥,等,2007.藏北高寒草地 NPP 变化趋势及其对人类活动的响应.生态学报,27 (11):4612-4619.

李本纲,陶澍,2000.AVHRR NDVI 与气候因子的相关分析.生态学报,20(5):898-902.

李海东,沈渭寿,余光辉,等,2010a.雅鲁藏布江中游河谷气温时序变化的小波分析.长江流域资源与环 境,19(s2):87-93.

李海东,沈渭寿,赵卫,等,2010b.1957-2007 年雅鲁藏布江中游河谷降水变化的小波分析.气象与环境学 报,26(4):1-7.

李辉霞,刘淑珍,2005.西藏自治区北部草地退化驱动力系统分析.水土保持研究,12(6):215-217.

李晓兵,史培军,2000.中国典型植被类型 NDVI 动态变化与气温、降水变化的敏感性分析.植物生态学 报,24(3):379-382.

梁四海,陈江,金晓梅,等,2007.近 21 年青藏高原植被覆盖变化规律.地球科学进展,22(1):33-40.

刘军会,高吉喜,王文杰,2013.青藏高原植被覆盖变化及其与气候变化的关系.山地学报,13(2): 234-242.

毛飞,侯英雨,唐世浩,等,2007a.基于近 20 年遥感数据的藏北草地分类及其动态变化.应用生态学报, 18(8):1745-1750.

毛飞,卢志光,张佳华,等,2007b.近 20 年藏北地区 AVHRR NDVI 与气候因子的关系.生态学报,27 (8):3198-3205.

孙红雨,王长耀,牛铮,等,1998.中国地表植被覆盖变化及其与气候因子关系-基于 NOAA 时间序列数 据分析.遥感学报,2(3):204-210.

王谋,李勇,黄润秋,等,2005,气候变暖对青藏高原腹地高寒植被的影响.生态学报,25(6):1275-1281.

徐瑶,何政伟,陈涛,2011.西藏班戈县草地退化动态变化及其驱动力分析.草地学报(3):377-380.

徐宗学,巩同梁,赵芳芳,2006.近 40 年来西藏高原气候变化特征分析.亚热带资源与环境学报,1(1):
　　24-32.

杨元合,朴世龙,2006.青藏高原草地植被覆盖变化及其与气候因子的关系.植物生态学报,30(1):1-8.

于海英,许建初,2009.气候变化对青藏高原植被影响研究综述.生态学杂志,28(4):747-754.

Baret F，Guyot G，Major D J，1989. TSAVI：a Vegetation Index which Minimize Soil Brightness Effects
　　on LAI and APA Restimation//Geoscience and Remote Sensing Symposium,12th Canadian Symposium
　　on Remote Sensing，1989 International IEEE:1355-1358.

Braswell B H，Schimel D S，Linder E，et al，1997. The response of global terrestrial ecosystems to
　　interannual temperature variability. Science,278(278):870-873.

Chen X Q,Tan Z J,Schwartz M D,et a1,2004. Determining the growing season of land vegetation on the
　　basis of plant phenology and satellite data in Northern China. International Journal of Biometeorology,
　　44(2):97-101.

Folcy J,Prentice I,Ramankntty N,et al,1996. An integrated biosphere model of land surface processes,
　　terrestrial carbon balance,and vegetation dynamics. Gobal Biogcochcuicral Cycles,10(4):603-628.

Gupta R K，Vijayan D，Prasad T S,2001. New hyperspectral vegetation characterization parameters.
　　Advances in Space Research，28(1):201-206.

Hardisky M S，Klemas V，Smart R M,1983. The influence of soil salinity，growth form，and leaf
　　moisture on the spectral radiance of Spartina alterniflora canopies. Photogrammetric Engineering and
　　Remote Sensing(48):77-84.

Huete A R,1998. A soil-adjusted vegetation index (SAVI). Remote Sensing of Environment,25(3):295-
　　309.

Huete A R，Liu H Q，Batchily K，et al,1997. A comparison of vegetation indices over a global set of TM
　　images for EOS-MODIS. Remote Sensing of Environment，59(3):440-451.

Huete A R，Justice C，Leeuwen V,1999. "MODIS vegetation index(mod13)," Version3. Algorithm
　　Theoretical Basis Document.

Ichii K,Kawabata A,Yamagnchi Y,2002. Global correlation analysis for NDVI and climatic variables and
　　NDVI trends:1982-1990. International Journal of Remote Sensing,23(18):3873-3878.

Jackson R D，Pinter P J，Reginato R J，et al,1980. Hand-heldRadiometry，agricultural reviews and
　　manuals W-19，U. S. Dept. of Agriculture,Science and Education Admin.，Oakland,CA，66.

Kaufman Y J，1992. Atmospherically resistant vegetation index (ARVI) for EOS-MODIS. IEEE
　　Transaction Geoscience and Remote Sensing，30(2):261-270.

Pearson R L，Miller L D，1972. Remote mapping o fstanding crop bio-mass for estimation of the
　　productivity of the short-grass Prairie，Pawnee National Grassland，Colorado//Proceedings of 8th
　　International Symposium on Remote Sensing of Environment. Michigan.

Pettorelli N，Vik J，Mysternd A，et al，2005. Using the satellite-derived NDVI to assess ecological
　　responses to environmental change. Trends in Ecology & Evolution,20(9):503-510.

Qi J，Chenbouni A，Huete A R，et al,1994. Soorooshian modified soil adjusted vegetation index(MSAVI).
　　Remote Sensing of Environment(48):119-126.

Richardson A J, Wiegand C L, 1977. Distinguishmg vegetation from soil background information. Photogrammetric Engineering and Remote Sensing(43):1541-1552.

Rouse J, Haas R H, Schell J A, et al, 1974. Monitoring vegetation systems in the Great Plains with ERTS. NASA Special Publication:309,351.

Runing S W, Justice C O, Salomonson V, et al, 1994. Terrestrialremote sensing science and algoruthms planned for EOS/MODIS. International Journal of Remote Sensing,15(17):3587-3620.

Wang J, Rich P, Price K, 2003. Temporal responses of NDVI to preciptation and temperature in the central Great Plains,USA. International Journual of Remote Sensing,24(11):2345-2364.

Wang J,Rich P M,Price K P,2003. Temporal response of NDVI to precipitation and temperature in the Central Great Plains,U. S. A. International Journal of Remote Sensing,24(11):2345-2364.

Yang W,Yang L,Merchant J W,1997. An assessment of AVHRR/NDVI-ecoclimatological relationsin Nebraska,U. S. A. International Journal of Remote Sensing,18(10):2161-2180.

第4章 草地生态服务功能价值损失评估

草地是地球陆地上面积仅次于森林的第二大绿色生态系统。张新时(2001)认为草地约占地球植被生物量的36%,与森林和农田一起是地球上三个最重要的绿色光合物质的来源。草地生态系统的服务功能是巨大的,在维持陆地生态系统的生态平衡、保护陆地环境、涵养水源、保护生物多样性和珍稀物种资源等方面起着不可替代的作用。Costanza等(1997)学者的研究结果表明全世界草地平均每公顷每年产生的生态经济价值为232美元,全球草地每年产生的生态经济总价值高达9060亿美元。藏北高原由于长期草地退化,草地生态系统服务功能降低,并造成巨大的生态效益价值损失。

4.1 草地生态系统的特点

中国是世界上草地资源较丰富的国家之一。据初步估计,中国草原上各类饲用植物约有2 500余种,药用植物达6 000余种,构成草原饲用植被的主要包括禾本科、菊科、豆科、藜科和莎草科,其中,不少是我国的特有种,如三刺草、沙生冰草、小尖隐子草和青海固沙草等。灌木锦鸡儿属豆科饲用植物,我国在全世界60个种类占5/6,居世界首位。这些饲用植物大多根系粗壮,枝繁叶茂,多汁叶嫩,营养丰富,再生能力强。一般一年内都可以放牧利用或收割两次。

药用植物主要有锁阳、肉苁蓉、虫草、贝母、枸杞、大黄、附子、黄连、羌活、川芎、麦冬、白芍等中药材。在草原动物中,种类最多、数量最大的是善于奔跑的蹄类(如马、牛、羊、鹿、骆驼)及地下穴居的啮齿动物。

此外,还有大量的鸟类、昆虫以及捕猎其他动物的食肉猛兽、猛禽等。境内有众多的河湖、塘沼,水产也很丰富。

在草地生态系统中,草地植物与动物、微生物结合在一起形成生物群落。在生物群落中,生物有机体与非生物环境之间相互作用,进行物质和能量的交换,这种草地生态环境与草地生物群落的综合体就是草地生态系统。在草地生态系统中,草地生物部分既是草地生态系统的核心,又作为其他生物环境的一部分起作用。

草地生态系统是一个大生态单位,它和其他生态系统一样,具有一定的组成、结构、功能和发展趋势,它具有以下特点。

4.1.1　脆弱性

我国北方草原是处于从森林生态系统向荒漠生态系统演替中的过渡地带,与其他系统相比,它组成要素贫乏,结构单调。由于恶劣的自然条件,特别是水分缺乏,如果利用不当,极易导致草原生态系统的恶性循环。在我国南方地区,由于草地坡度大,土壤基质条件差,加之强降雨,很容易造成雨水浸蚀和水土流失,自然条件也决定许多草地处于极度脆弱的生态环境中。西藏草地面积辽阔,但类型单调。全区草地面积十二亿多亩,占全国天然草地面积的 3/10,相当于三个江苏省的面积,但类型单调,植物群落结构简单,植物低矮,常形成垫状群落,草地生态系统容量小,承载力低,生态极为脆弱。

4.1.2　不稳定性

草地生态系统的脆弱性也决定了它的不稳定性。一方面草地植被处于动态的演替过程中,自然条件和人为干扰活动更加速了这种不稳定性因素;另一方面草地植物的季节变化和年度变化也会引起草地生产力的波动而导致其不稳定。藏北地区严寒少雨的气候限制了植物的生长,牧草一般低矮、生育期短、牧草产量低、载畜能力弱。全区每百亩草地的平均载畜能力为 1.5 绵羊单位。

4.1.3　强地域性

由于草地分布广大,其所处的气候、土壤、植被、地理等条件明显不同,造成了草地生态系统的强地域性特点。在西藏,随着气候从东南向西北方向的地带性变化,草地类型也表现出强烈的地带性。藏北高原东部为高山灌丛草甸,中部为高寒草甸,中西部(如申扎、班戈)为高寒草原,北部主要为高寒荒漠区。在不同地区、不同自然条件下,草地生态系统表现出完全不同的特征。

4.1.4　可更新性和不可更新性

草地资源一般属于可更新资源,但如果不合理利用,就可能使之成为不可更新的资源,如过度利用造成的沙化、盐碱化等。草地生态系统一般都处于相对的平衡状态,但这种平衡是一种动态的平衡。草地生态系统按照一定的规律向前发展,从初期的、简单的、不稳定的阶段逐渐达到复杂的、稳定的阶段。平衡不仅是动态的,而是有条件的,也就是说,平衡只有在一定的条件下或一定范围内起作用,在此条件或范围内,系统能校正自然或人类引起的许多不平衡现象。当条件改变或超出此范围时,系统就不再具有自动调节能力,系统就会受到改变、伤害以致破坏。

4.2　草地生态服务功能类型

赵同谦等(2004)结合草地生态系统提供的服务功能机制、种类和作用,将草地生态系统的服务功能划分为物质生产功能、调节功能、文化功能和生命支持功能四大类型。

4.2.1　物质生产功能

草地生态系统提供的产品可以归纳为动物性产品和植物性产品两类。动物性产品是指草地生态系统为人类提供的生活必需的肉、奶、毛、皮等动物性产品。全世界的草地供养着大约 34 亿头(只)草食类牲畜。其中,肉牛和奶牛 15 亿头,其他草食动物约 2 亿头,绵羊和山羊约 17 亿头。它们为全世界提供着大量的肉奶食品、毛皮产品和其他产品,并为畜产品加工产业和其他相关产业的发展提供了条件(邓艾,2005)。植物性产品则主要包括食用、饲用、药用、工业用、环境用植物资源。

4.2.2　调　节　功　能

草地调节功能是指人类从草地生态系统及生态过程的调节作用中获取的服务功能和利益。千年生态系统变化评估工作组(MA)定义草地调节功能,认为草地生态系统提供的调节功能主要包括进行碳蓄积、调节空气质量、截留降水、涵养水源、保持土壤、防止侵蚀、降解废弃物、循环营养物质、调节全球和局地气候、净化水质、调节自然灾害、调节病虫害等。

1. 进行碳蓄积

1) 草地土壤碳库

土壤碳库是陆地生态系统中最大的碳库,包括有机碳和无机碳两部分,由于土壤无机碳主要以碳酸盐的形式存在,非常稳定,在整个生态系统的碳循环中所起的作用非常微弱,一般研究中很少考虑,通常人们提到的碳循环主要指土壤有机碳。

Ni(2001)估算了中国18个草地类型的碳密度和碳蓄积。研究表明,中国草地生态系统碳总储量为44.09PgC,其中,草原碳储量为17.03PgC,占总储量的38.6%;草甸类草地碳储量为16.83PgC,占总储量的38.2%。两者蓄积碳储量占全国草地有机碳的2/3。其他草地类型,包括草坡和沼泽,碳储量只有10.22PgC,不足总量的1/3,尤其是暖温带和热带草坡以及沼泽碳储量都很低。

　　2）草地植物和枯落物碳库

草地植物碳库包括地上和地下两部分,与地上生物量相比,地下生物量在总生物量中占的比重较大(胡自治等,1994),因而地下植物碳库是草地植物碳库的主要组成部分。草地植物的地上部分枯落物形成的碳库与草地植物碳库的碳储量之和占草地生态系统总碳储量的比例很小,但它是连接草地植物碳库和土壤碳库的中间环节,起着非常重要的作用。枯落物主要来源于地上活体、当年形成的落叶和老的枯落叶。由于草地枯落物来源于草地植物的地上部分,而地上生物量的积累又受到人类活动的影响,所以草地枯落物碳储量同样受到人类活动的影响,陈佐忠等(2000)对草地枯落物碳储量的研究发现,自然条件下枯落物的累积量为放牧条件下的1.3倍。

2. 调节空气质量

草地和森林一样,可以通过对温室气体的调节作用和具有不同于裸地的下垫面特征这两种途径来对气候产生影响,实现空气质量调节功能。大量研究表明,草地生态系统对CO_2,CH_4,N_2O三类温室气体都有明显的调节作用。

关于对CO_2的调节作用。草地通过光合作用吸收大气中的CO_2,排出O_2。一般草地平均吸收CO_2的量为1.5 g/(m^2·h)。如果每人每天平均呼出0.9 kg CO_2,吸收0.75 kg O_2,那么平均每人有50 m^2的草地就可以把呼出的CO_2全部还原成O_2(廖国藩等,1996)。

需要特别说明的是,草地生态系统一旦受到破坏后,草地吸收CO_2的功能减弱、调节和维持O_2和CO_2的平衡功能被打破,草地中存储的大量的碳将重新回到大气中,大气中CO_2的含量增加,势必影响温室效应和全球变暖。这一点往往很少为公众所知。

关于对N_2O和CH_4的调节作用。N_2O是氮素生物地球化学循环的中间产物,主要来自农牧业活动。天然草地生态系统是N_2O的排放源。草地生态系统中好氧土壤吸收CH_4,是CH_4的吸收汇,天然草地转化为其他利用方式后,对CH_4的吸收能力降低。

草地对于大气具有净化作用,不但能吸附空气中的尘埃和固体悬浮物,而且对空气和土壤中的有害气体、化学成分具有过滤作用。例如,有草皮的足球场比无草皮的足球场上空的含尘量少2/3～5/6,在绿化的街道上,空气中的含尘量要比没有绿化的地区低56.7%;草地上空的粉尘量只有裸露地的1/6～1/3。草地还具有减缓噪声和释放负氧离子的作用。负氧离子能给人以清新的感觉,对肺病有一定的治疗作用。草地释放负氧离子的数量,高者可达200～1 000个/m^2,低者也在40～50个/m^2。据调查,凡是环境绿化美好的地方,事故发生率减少 40%,工作效率可提高 15%~35%。优美的环境还能极大地激发人的创造创作灵感。

3. 截留降水、涵养水源

草本植物由于生长迅速、枝繁叶茂,可以避免雨水直接打击地面;藤蔓交错,加大地面粗糙率,阻缓径流,拦截泥沙,完好的天然草地截留降水的能力不仅高于裸地,而且明显高于森林。天然草原的牧草因其根系发达,细小而浓密,根系在土壤中的穿插提高土壤的孔隙度,因而比裸露地和森林有较高的渗透率。据测定,生长两年的草地拦蓄地表径流的能力为 54%,比生长 3~8 年的森林拦蓄地表径流的能力高 20%。其减少含沙量的能力明显高于灌丛和森林,草地可减少径流中含沙量的 70.3%,而森林仅能减少径流中含沙量的 37.3%(刘起,1998)。渗入土壤中的水通过无数的空隙继续下渗转变成地下水,汇成地下径流,补给地面径流,起到了水源涵养的作用。

树木和草本植物的根系能够固定土壤,而林下往往又有大量落叶、枯枝、苔藓等覆盖物,既能吸收数倍于本身的水分,也有防止水土流失和减少地表径流的作用。如果树林和草地遭到破坏,就会造成严重的水土流失。

4. 保持土壤,防止侵蚀

土壤侵蚀是地球表面的一种自然现象。土壤侵蚀造成大量土壤资源被蚕食和破坏,土层变薄,土壤肥力下降,地表植被破坏,自然生态环境失调,洪、涝、旱、冰雹等自然灾害频繁发生,特别是干旱的威胁日趋严重。土壤侵蚀带走的大量泥沙,被送进水库、河道、天然湖泊,造成河床淤塞、抬高,引起河流泛滥。

草地植被的根系与土壤盘根错节,相互交错,牢牢地牵扯住土壤,阻止土壤被流水冲走或者被大风刮走。草地植物还可以增加下垫面的粗糙程度,降低近地表风速,没有植被覆盖的土地,大风很容易吹扬沙土,发生沙尘暴甚至出现沙漠化的危险,在地面径流的冲刷下,没有植被覆盖或者植被覆盖少的土地,容易发生水土流失。径流越大流速越快,对地表冲刷力也越强。土壤侵蚀的同时带走了溶在水中的有机质和营养成分,造成土壤质量下降。因此,良好的植被条件可以防止土壤侵蚀、保持水土。夏训城等(1996)认为当植被盖度为 30%~50% 时,近地面风速可削弱 50%;张华等(2004)在对沙质草地植被防风抗蚀生态效应的研究时发现,在草地植被恢复以后,0~20 cm 气流内的总输沙量由 88.8 g/(h·cm²)降至 1.16 g/(h·cm²);董治宝等(1999)在研究内蒙古后山地区土壤风蚀情况时发现,农田的风蚀量为未开垦草原土壤风蚀量的 1.8~4.0 倍。据在美国得克萨斯州进行的小麦地、高粱地、休耕地与原生草地四种不同土地利用方式对土壤侵蚀量影响程度研究发现,麦地、高粱地、休耕地的土壤侵蚀量分别达 1 200 kg/hm²,2 700 kg/hm²,1 700 kg/hm²,而原生草地的土壤侵蚀量很小,几乎可以忽略不计。国内外的这些研究充分说明草地植被在防止土壤侵蚀方面有非常重要的作用。

5. 降解废弃物

草地生态系统中的主要废弃物牲畜粪便,在自然风化、淋滤和微生物分解等综合作用下不断分解,养分归还草地生态系统,提高了土壤肥力,提供了牧草生长所需的营养成分。牲畜粪便的降解一方面避免了牲畜粪便直接堆积在草地上,另一方面促进了草地生态系统的物质循环和能量流动,对于维持草地生态系统功能与过程至关重要。

6. 循环营养物质

草地生态系统同生命的维持一样,不仅需要能量,而且需要各种化学元素的供应。同样需要从大气、水体和土壤等环境中获得营养物质,通过绿色植物的吸收进入生态系统,被其他生物重复利用,最后归还于环境中,形成草地生态系统的物质循环。

草地生态系统中的水循环包括截取、渗透、蒸发、蒸腾和地表径流。草地植物在水循环中起着重要作用,植物通过根吸收土壤中的水分。草地植物可直接利用的碳是水圈和大气圈中以 CO_2 形式存在的碳。碳的主要循环形式是从大气的 CO_2 蓄库开始,经过草地植物的光合作用,把碳固定,生成糖类,然后经过消费者和分解者,在呼吸和残体腐败分解后,再回到大气蓄库中。碳被固定后始终与能流密切结合在一起,草地生态系统的生产力高低也是以单位面积中的碳来衡量的。

草地生态系统中 N 素的生物地球化学循环可以分为内循环和外循环两个过程。外循环过程是指 N 素向系统中输入和从系统中输出的过程。这些过程包括生物固氮、干湿沉降、施肥、淋溶、径流损失、反硝化和氨挥发过程。放牧草地还应包括 N 素以畜产品和排泄物形式从某个系统中的转移、牧草和牲畜排泄物燃烧后 N 素的损失过程等。内循环过程是指 N 素从一种化学形态向另一种化学形态转化或从系统中一个库向另一个库的转移过程。这些过程主要包括 N 素的矿化过程、硝化过程、N 素的固定过程。研究者发现,N 素在内循环中的流通量远远大于外循环。专家估计,N 素在外循环中的总输出量约为 $0.25×10^{15}g/a$,而净矿化量可达 $3.5×10^{15}g/a$。因此,对于低投入的草地来说,N 素的内循环显得尤为重要。这是因为,内循环决定着草地土壤无机氮库的状况,而无机氮库的大小又是许多 N 素循环阶段的关键。黄德华对羊草草原的研究结果为,植物地上地下部分共积累 N 素 $199.6\ kg/hm^2$,其中,只有 17.2% 的氮储存于地上部分,而地下部分 67.4% 的 N 素储存于死根中。植物地下部分储存的 N 素有 70% 分布于 $0\sim30\ cm$ 的根系中,而 $30\sim100\ cm$ 根系中的氮小于 30%。由于地上生物量和地下生物量的年度差异很大,所以储存于其中的 N 素变异也很大。

硫是植物生长发育所必需的矿质营养元素。硫主要参与植物的光合作用、呼吸作用、氮固定、蛋白质和脂类合成等重要生理生化过程。在草地生态系统中,硫主要以可溶性硫酸盐的形式被植物所吸收,然后参与氨基酸、蛋白质的合成,并被放牧家畜所采食。细菌分解家畜粪尿、植物残体或动物尸体后又将硫归还于土壤、水体、大气中。汪诗平等(2001)对内蒙古典型放牧草原生态系统的硫循环进行了初步研究,该研究表明:95.6% 的硫储存于土壤亚系统中,是营养元素的主要储存库和流通枢纽;4% 的硫储存于植物亚系统中;0.4% 的硫储存于动物亚系统中,其中,植物亚系统根中的硫含量占 93.72%,地上活体、枯落体和凋落物硫含量较少。刘忠宽等(2006)对不同放牧强度草原休牧后土壤养分和植物群落变化特征进行了研究,研究结果表明:有效硫的空间异质性以 10.00 羊 $/hm^2$

区最大,4.00羊/hm²(中牧区)最小,植物群落生物量和群落高度与土壤有效硫相关显著 ($P<0.05$)。

4.2.3　文 化 功 能

草地生态系统的文化功能是指人们通过精神和宗教值、知识系统、休闲和生态旅游、审美价值等方面从生态系统中获得的非物质利益。

草原是世界文明多样性的产生地和保护地。和森林、水域相比,草原比其区域更容易进行畜牧业和农业生产,世界上最古老的文明发源于河流下游的草原和森林草原地带。温带或热带草原生态系统孕育了世界文明,如中华民族的黄河文明,印度人的恒河文明,埃及人的尼罗河文明和美苏尔人的两河文明等。

在长期的发展过程中,草原生态系统以其独特的自然环境、生产方式和生活条件,创造了游牧民族独具特色的民族风情、生活习惯和人格特征,形成了独特的地域文化和民族文化。例如,高寒草原环境使藏族形成乐观开朗、吃苦耐劳、崇尚自然、珍爱生命的品质,重视对草原、森林、山川、河流和生灵的生态保护。雪域高原的优美自然环境和佛教思想的自然结合使他们创造了建筑、雕塑、绘画,音乐、舞蹈和运动等文化和艺术成了世界文明的一大特色。北方游牧民族长期生活在干旱、寒冷气候条件下,造就了草原民族吃苦耐劳的品格和自强不息、豪迈大气的民族精神。

比较典型的是美国大草原。因为其许多地方是印第安人和当地的移民的宗教或其他庆祝活动的场所,所以没有被开垦而完整地保存下来。在我国牧区的寺庙和草原的宗教圣地得到了很好的保护。草原生态系统的独特的自然景观,草原地区的气候特点与长期形成的民族特色和文化特征,以及得天独厚的地理优势成为草原丰富的生态旅游资源。

4.2.4　生命支持功能

生命支持功能是确保提供其他生态系统服务功能所需的基本功能。产品提供功能、调节功能和文化服务功能都可以直接和短期对人类产生影响,而支持功能需要经过较长时间间接地对人类产生影响。例如,人类不直接使用土壤形成的服务功能,但这种功能会间接地通过对粮食生产的影响为人类提供服务;光合作用应属于支持功能,主要是因为大气中的氧气浓度对大气、生物的影响要在相当长的时间内才能发生。氮循环、水循环、提供栖息地、侵蚀控制都属于支持功能。根据草地生态系统生态功能的特点,其重要的支持功能主要包括保持土壤肥力、保持水土、防风固沙。

1. 土壤形成和维持土壤功能

土壤形成和维持土壤功能主要包括:在草地生态系统内促进岩石风化,形成土壤,促进土壤有机质积累;保持水土,防止水土流失;保持和提高土壤的生态功能。

草地植被通过对岩石的机械破坏和草地微生物来促进岩石的风化和有机质的积累。如树根深入岩石裂缝引起岩石破裂;草地植被在土壤表层下面具有稠密的根系,这些根系分泌有机酸,如硝化细菌产生的硝酸、硫细菌生产硫酸,这些有机酸会使岩石分解。草地植被根系中的矿质元素在生物作用、化学作用、微生物共同作用下形成黏土矿物。豆科牧草根系上生长的大量根瘤菌,可以固定空气中的游离氮素,为草地土壤提供氮肥。在低温干燥的草原区,生物风化作用的意义不仅在于引起岩石的机械和化学破坏,还在于它形成了一种既有矿物质又有有机质的物质——土壤。

草地生态系统具有明显的水土保持、防风固沙的功能。草本植物群落在地面形成一层覆盖物,这层覆盖物增加了地表粗糙度,增大了摩擦力,降低近地面风速,起到防风固沙的作用。同时草本植物庞大的根系固结着土壤,减少地面径流的冲击,防止土壤侵蚀、水土保持的功能。

草地生物是土壤的改良者。在土壤表面的草原植被根系和凋落物可形成大量的有机质,有机质可改善土壤的物理和化学性能,改善土壤结构,增强成土作用,提高土壤肥力。同时,草原植被在土壤表面有密集的根和残余大量的有机物,这些物质在土壤微生物的作用下,也能形成土壤团粒结构,可以改良土壤、提高土壤肥力。草地中有数量很大、种类很多的土壤微生物和土壤动物(蔡晓明,2000)(表4-1)。土壤中的植物、动物和微生物尸体与排泄物,可以增加土壤有机质的积累,提高有机质含量。草地生态系统中的土壤微生物和土壤动物使有机物质分解、破碎、腐烂,成为植物可利用矿质化状态。作物的根和蚂蚁、白蚁、蚯蚓以及其他的大型土壤动物所打的通道、细孔,所形成的堆积物、团聚体对土壤中的水、气状况会产生重大影响,可以为其他土壤生物建立和改善微栖居环境,有利于林业和农业土壤结构的保持。

表 4-1　草原上层 1 m² 土壤中微生物、土壤动物的密度及生物量

生物名称	密度/个	生物量/g
细菌	1×10^{15}	100.0
原生动物	5×10^4	38.0
线虫	1×10^7	12.0
蚯蚓	1000	120.5
蜗牛	50	10.0
蜘蛛	600	6.0
长脚蜘蛛	40	0.5
螨类	2×10^5	2.0
木虱	500	5.0
蜈蚣及马陆	500	12.5
甲虫	100	1.0
蝇类	200	1.0
跳虫	5×10^4	5.0

2. 物种多样性

草地生态系统是许多动植物的栖息地,物种多样性丰富。我国草地分布广泛,地理状况复杂,气候条件各异,造就了我国草地植被极其丰富的物种多样性。据统计,我国天然草地饲用植物共 6 704 种,分属于 246 个科,1 545 个属。按科内所含植物的种数分类,中国草地超过 100 种,有 9 个科,共有 3 873 种植物,其中,禾本科和豆科均在千种以上,共有 2 185 种,占草地植物总种数的 35.6%。

辽阔坦荡的草原环境中发育了独特的动物区系。内蒙古草原是中国温带草原的主体。据资料显示,内蒙古草原的脊椎动物共有 551 种,包括 65 种哺乳动物,295 种鸟类,21 种爬行类,8 种两栖类,82 种鱼类。青藏高原(包括喜马拉雅山和横断山侧坡)脊椎动物方面,在整个青藏高原有鱼类 3 目、5 科、45 属、152 种;陆栖脊椎动物共有 343 属、1 047 种,占全国该类动物总数的 43.7%。水生原生动物 458 种,轮虫 208 种,甲壳动物的鳃足类 59 种;另有昆虫 20 目、173 科、1 160 属、2 340 种。青藏高原高寒地区由于特殊的地理位置和气候条件拥有很多特有种,许多是高寒草甸特有的动物,绝大多数也是青藏高原高寒地区的特有种。在中国草地生态系统中还放养着种类丰富的家畜。

草地物种丰富多样,存在着大量的动植物和微生物,保存了大量有价值的物种,是储存大量基因物质的基因库,这些基因对自然群落的演替、发展和物种的演化起着重要的作用,对人类的生存与发展也至关重要。保护草地环境、维持生物多样性,是人类面临的一项重要任务。

然而,草地生态系统物种多样性的维持受环境条件和人为因素的共同影响。气候变干会影响草地的物质生产能力;过度放牧会破坏草地植被,引发草地沙漠化,草地涵养水源、保持水土的能力降低,从而影响草地物种的多样性。

4.3　草地生态服务功能价值估算

4.3.1　提供生物量价值

草地是发展畜牧业生产重要的物质基础,是植物性饲料的主要来源。但随着人口的不断增加,草地的利用强度不断加大,导致草地出现退化现象,草地植被盖度减小、高度下降、生物多样性减少、生物量减少。不同退化程度下草地生态系统具有不同的产草量,因此,有不同的市场价值,草地产品是指植物性产品和动物性产品等,本书主要计算牧草价值,采用市场价值法来评估其价值:

$$F_i = S_i \times Y_i \times P \tag{4-1}$$

式中:F_i 为第 i 类草地生物量价值;S_i 为第 i 类草地的面积;Y_i 为第 i 类草地的单产;P 为牧草的价值,本书取市场价格,以 400 元/t 计。

根据表 4-2 中的数据可知,1990 年班戈县草地提供的生物量价值为 6.26 亿元,其中,无明显退化等级草地提供的生物量价值最高,达 4.56 亿元,占总价值的 72.84%;其次是轻度退化等级,其草地提供的生物量价值为 1.41 亿元,占总价值的 22.52%,中度退化等级草地提供生物量价值为 0.24 亿元,占总价值的 3.83%,生物量价值最小的为重度退化草地,其经济价值为 0.05 亿元。2000 年班戈县草地提供的生物量价值为 4.62 亿元,在几个退化等级中,轻度退化等级的草地提供的生物量价值最大,为 2.17 亿元,占总价值的 46.97%;其次是中度退化草地,提供的生物量价值为 1.18 亿元,占总价值的 25.54%;无明显退化草地提供的生物量价值为 1.02 亿元,占总价值的 22.08%;最小的仍然是重度退化草地,其提供的生物量价值为 0.25 亿元,占总价值的 5.41%。2009 年班戈县草地提供的生物量价值为 5.09 亿元,轻度退化等级的草地提供的生物量价值最大,为 2.21 亿元,占总价值的 43.42%;其次是无明显退化草地,提供的生物量价值为 1.90 亿元,占总价值的 37.32%;中度退化草地提供的生物量价值为 0.85 亿元,占总价值的 16.70%;最小的仍然是重度退化草地,其提供的生物量价值为 0.13 亿元,占总价值的 2.55%。

表 4-2　班戈县 1990~2009 年各等级草地提供的生物量价值统计表

退化等级	1990 年		2000 年		2009 年	
	草产品/亿元	所占比例/%	草产品/亿元	所占比例/%	草产品/亿元	所占比例/%
无明显退化	4.56	72.84	1.02	22.08	1.90	37.32
轻度退化	1.41	22.52	2.17	46.97	2.21	43.42
中度退化	0.24	3.83	1.18	25.54	0.85	16.70
重度退化	0.05	0.80	0.25	5.41	0.13	2.55
合计	6.26	100	4.62	100	5.09	100

注:所占比例之和可能不等于合计数字,是因为有些数据进行过舍入修约。

1990~2009 年草地生物量价值从 6.26 亿元降到了 5.09 亿元,降低了 1.17 亿元,其中,1990~2000 年 10 年间草地生物量价值从 6.26 亿元降到了 4.62 亿元,降低了 1.64 亿元,而从 2000~2009 年这 10 年草地生物量价值从 4.62 亿元上升到了 5.08 亿元,上升了 0.46 亿元,1990 年中以无明显退化草地生物量价值占主要,占总价值的 72.84%。而 2000 年、2009 年均以轻度退化草地生物量价值占主要,说明草地在不断退化,退化草地已经占草地的大部分,故退化草地提供的生物量价值占绝大部分。

4.3.2　碳蓄积和氧释放价值

生态系统通过光合作用和呼吸作用固定大气中的 CO_2,同时向大气提供 O_2,这一过程对维持地球大气中的 CO_2 和 O_2 的动态平衡、完成地球上能量的固定与转化,减缓温室效应、提供人类生存的最基本的物质与能量有着巨大的不可替代的作用。

生态系统通过光合作用吸收 CO_2,并将其合成转化为自身的有机物质,从而使碳素固定在植物体内,同时释放出氧气。草原生态系统通过光合作用,除了向大气提供 O_2 外,还把大量碳储存在牧草组织及土壤中。

$$6CO_2 + 12H_2O \longrightarrow C_6H_{12}O_6 + 6O_2 + 6H_2O \tag{4-2}$$

根据上述植物光合作用化学式,植物每生产 162 g 干物质可吸收固定 264 g CO_2,那么,生成 1 g 干物质可吸收 1.63 g CO_2,同时释放出 1.2 g O_2,则固定 CO_2 的量是植物生产量的 1.63 倍。草地生态系统 CO_2 固定价值可用市场价值法(碳税法)和生产成本法(造林成本)两种方法计算。前者使用瑞典碳税率,即 150 美元/t(C),折为 1 245 元/t(C),后者使用中国造林成本 240.03 元/m³,折合为 260.9 元/t(C)(1990 年不变价)。本书依据前述两种计算方法分别计算,取两个结果的平均值作为班戈县草地固定 CO_2 的价值。根据市场价值法,其估算公式为

$$F(CO_2) = \sum S_i(CO_2) \times P(CO_2) \tag{4-3}$$

式中:$F(CO_2)$ 为草地固碳总价值;$S_i(CO_2)$ 为各类草地固碳量;$P_i(CO_2)$ 为单位固碳量价值。

草地释氧总价值采用工业制氧影子价格法计算,是指用等量的工业氧生产价格代替森林释放氧气的功能价值,本研究采用中国造林成本 352.93 元/t(O_2) 和氧气工业成本 0.4 元/kg(O_2) 两种标准平均值来评价草地生态系统释放 O_2 的经济价值,计算公式为

$$F(O_2) = \sum S_i(O_2) \times P(O_2) \tag{4-4}$$

式中:$F(O_2)$ 为草地释氧总价值;$S_i(O_2)$ 为各类草地释氧量;$P(O_2)$ 为单位释氧量价值。

按照上述方法,计算班戈县草地固定 CO_2、释放氧气的总价值见表 4-3。

表 4-3　班戈县 1990～2009 年草地释放 O_2 总量及价值统计表

退化等级	1990 年		2000 年		2009 年	
	年释放量 /×10⁸ kg	价值 /亿元	年释放量 /×10⁸ kg	价值 /亿元	年释放量 /×10⁸ kg	价值 /亿元
无明显退化	13.68	5.15	3.06	1.15	5.70	2.15
轻度退化	4.23	1.59	6.52	2.45	6.63	2.50
中度退化	0.72	0.27	3.54	1.33	2.55	0.96
重度退化	0.15	0.06	0.76	0.28	0.39	0.15
合计	18.78	7.07	13.88	5.21	15.27	5.76

从表 4-3 中可以看出 1990 年班戈县 O_2 释放量为 18.78×10^8 kg,经济价值为 7.07 亿元。无明显退化等级 O_2 释放量最大,为 13.68×10^8 kg,经济价值为 5.15 亿元;其次是轻度退化等级,O_2 释放量为 4.23×10^8 kg,经济价值为 1.59 亿元;中度退化等级 O_2 释放量为 0.72×10^8 kg,经济价值为 0.27 亿元;重度退化等级 O_2 释放量最少,为 0.15×10^8 kg,经济价值为 0.06 亿元。2000 年班戈县 O_2 总释放量为 13.88×10^8 kg,经济价值为 5.21 亿元,最多

的是轻度退化等级,为 6.52×10^8 kg,经济价值为 2.45 亿元;其次为中度退化等级,O_2 释放量为 3.54×10^8 kg,经济价值 1.33 亿元;无明显退化等级 O_2 释放量为 3.06×10^8 kg,经济价值 1.15 亿元;重度退化等级 O_2 释放量最少,为 0.76×10^8 kg,经济价值为 0.28 亿元。2009 年班戈县 O_2 释放量为 15.27×10^8 kg,经济价值为 5.75 亿元;最多的是轻度退化等级,为 6.63×10^8 kg,经济价值为 2.50 亿元;其次为无明显退化等级,释放量为 5.70×10^8 kg,经济价值为 2.16 亿元;中度退化等级 O_2 释放量为 2.55×10^8 kg,经济价值为 0.96 亿元;重度退化等级 O_2 释放量最少,为 0.39×10^8 kg,经济价值为 0.15 亿元。

$1990 \sim 2009$ 年 O_2 释放量减少了 3.51×10^8 kg,经济价值减少了 1.32 亿元。其中,$1990 \sim 2000$ 年 O_2 释放量减少了 4.91×10^8 kg,经济价值减少了 1.85 亿元,$2000 \sim 2009$ 年 O_2 释放量增加了 1.4×10^8 kg,经济价值增加了 0.53 亿元。这 20 年中无明显退化等级 O_2 释放量逐渐在减少,从 1990 年的 13.68×10^8 kg,到 2000 年的 3.06×10^8 kg,再到 2009 年的 5.70×10^8 kg,其经济价值也从 5.15 亿元降到 2.15 亿元,说明草地退化在逐渐加重。轻度退化等级 O_2 释放量也在逐渐增加。1990 年为 4.23×10^8 kg,2000 年为 6.52×10^8 kg,2009 年为 6.63×10^8 kg,其经济价值也从 1990 年的 1.59 亿元,增加到 2009 年的 2.50 亿元。中度退化和重度退化等级在不断增加。中度退化等级 O_2 释放量从 1990 年的 0.72×10^8 kg 上升到 2009 年的 2.55×10^8 kg,重度退化等级 O_2 释放量也在增加,从 1990 年的 0.15×10^8 kg 上升到 2009 年的 0.39×10^8 kg。

从表 4-4 中可以看出 1990 年班戈县 CO_2 固定量为 25.51×10^8 kg,经济价值为 19.21 亿元。无明显退化等级 CO_2 固定量最大,为 18.58×10^8 kg,经济价值为 13.99 亿元;其次是轻度退化等级,CO_2 固定量为 5.75×10^8 kg,经济价值为 4.33 亿元;中度退化等级 CO_2 固定量为 0.98×10^8 kg,经济价值为 0.74 亿元;重度退化等级 CO_2 固定量最少,为 0.20×10^8 kg,经济价值为 0.15 亿元。2000 年班戈县 CO_2 总固定量为 18.83×10^8 kg,经济价值为 14.18 亿元,最多的是轻度退化等级,CO_2 总固定量为 8.84×10^8 kg,经济价值为 6.66 亿元;其次为中度退化等级,CO_2 固定量为 4.81×10^8 kg,经济价值为 3.62 亿元;无明显退化等级草地 CO_2 固定量为 4.16×10^8 kg,经济价值为 3.13 亿元;重度退化等级 CO_2 固

表 4-4　班戈县 1990~2009 年草地固定 CO_2 总量及价值统计表

退化等级	1990 年		2000 年		2009 年	
	年固定量 /×10⁸ kg	价值 /亿元	年固定量 /×10⁸ kg	价值 /亿元	年固定量 /×10⁸ kg	价值 /亿元
无明显退化	18.58	13.99	4.16	3.13	7.74	5.83
轻度退化	5.75	4.33	8.84	6.66	9.01	6.78
中度退化	0.98	0.74	4.81	3.62	3.46	2.61
重度退化	0.20	0.15	1.02	0.77	0.53	0.40
合计	25.51	19.21	18.83	14.18	20.74	15.62

定量最少，为 1.02×10^8 kg，经济价值为 0.77 亿元。2009 年班戈县 CO_2 固定量为 20.74×10^8 kg，经济价值为 15.62 亿元；最多的仍然是轻度退化等级，为 9.01×10^8 kg，经济价值为 6.78 亿元；其次为无明显退化等级，CO_2 固定量为 7.74×10^8 kg，经济价值为 5.83 亿元；重度退化等级 CO_2 固定量最少，为 0.53×10^8 kg，经济价值为 0.40 亿元。中度退化等级 CO_2 固定量为 3.46×10^8 kg，经济价值为 2.61 亿元。

1990～2009 年 CO_2 固定量减少了 4.77×10^8 kg，经济价值减少了 3.59 亿元。其中，1990～2000 年 CO_2 的固定量减少了 6.68×10^8 kg，经济价值减少了 5.03 亿元，2000～2009 年 CO_2 固定量减少了 1.91×10^8 kg，经济价值减少了 1.44 亿元。这 20 年中无明显退化等级 CO_2 固定量在逐渐减少，从 1990 年的 18.58×10^8 kg，到 2000 年的 4.16×10^8 kg，再到 2009 年的 7.74×10^8 kg，其经济价值也从 13.99 亿元降到 5.83 亿元，说明草地退化在逐渐加重。轻度退化等级 CO_2 固定量也在逐渐上升，1990 年为 5.75×10^8 kg，2000 年为 8.84×10^8 kg，2009 年为 9.01×10^8 kg，其经济价值也从 1990 年的 4.33 亿元上升到 2009 年的 6.78 亿元。中度退化和重度退化等级在不断增加，中度退化等级 CO_2 固定量从 1990 年的 0.98×10^8 kg 上升到 2009 年的 3.46×10^8 kg，重度退化等级 CO_2 固定量也在增加，从 1990 年的 0.2×10^8 kg 上升到 2009 年的 0.53×10^8 kg。

4.3.3　营养物质循环价值

营养物质在生态系统中通过复杂的食物链循环与外界环境之间进行交换，维持生态循环过程。根据各草地主要营养成分含量，计算各类型草地固定的营养物质实物量，再根据欧阳志云计算方法估算草地在营养物质循环中含有的经济价值总量。其计算公式为

$$F_0 = \sum (S_i \times Y_i \times V_i \times C) \tag{4-5}$$

式中：F_0 为不同类型的草原滞留营养物质的总价值；S_i 第 i 类草地的面积；Y_i 第 i 类草地的产量；V_i 为单位重量牧草的第 i 种营养元素含量；C 为我国化肥的平均价格，元/t。在估算草地营养循环价值时仍以生产力为基础，根据欧阳志云等（1995）计算的中国生态系统营养物循环的间接价值可推算生态系统每固定 1 g C，可积累 0.025 426 g N，0.000 20 g P 和 0.010 12 g K，按 1990 年不变价，我国化肥（折纯量）平均价格为 2 549 元/t，以此计算班戈县草地生态系统维持营养物质循环功能的价值见表 4-5。

从表 4-5 中可以看出 1990 年班戈县营养物质循环价值为 0.79 亿元。无明显退化等级营养物质循环价值最大，为 0.57 亿元，所占比例为 72.15%；其次是轻度退化等级，营养物质循环价值为 0.18 亿元，所占比例为 22.78%；中度退化等级营养物质循环价值为 0.03 亿元，比例为 3.80%；重度退化等级营养物质循环价值最少，为 0.01 亿元，比例仅为 1.27%；1990 年的营养物质循环价值较高的为无明显退化等级和轻度退化等级，两者达到 0.75 亿元，占总量的 94.93%。2000 年班戈县营养物质循环价值为 0.58 亿元，最多的是轻度退化等级，为 0.27 亿元，比例为 46.55%；其次为中度退化等级，营养物质循环价

表 4-5   班戈县草地生态系统维持营养物质循环功能的价值

退化等级	1990 年		2000 年		2009 年	
	价值/亿元	所占比例/%	价值/亿元	所占比例/%	价值/亿元	所占比例/%
无明显退化	0.57	72.15	0.13	22.41	0.19	32.20
轻度退化	0.18	22.78	0.27	46.55	0.27	45.76
中度退化	0.03	3.80	0.15	25.86	0.11	18.64
重度退化	0.01	1.27	0.03	5.17	0.02	3.39
合计	0.79	100	0.58	100	0.59	100

注:所占比例之和可能不等于合计数字,是因为有些数据进行过舍入修约。

值为 0.15 亿元,比例为 25.86%;无明显退化等级营养物质循环价值为 0.13 亿元,比例为 22.41%;重度退化等级营养物质循环价值最少,为 0.03 亿元,比例仅为 5.17%。2009年班戈县营养物质循环价值为 0.59 亿元;最多的是轻度退化等级,为 0.27 亿元,比例为 45.76%;其次为无明显退化等级,营养物质循环价值为 0.19 亿元,比例为 32.20%;中度退化等级营养物质循环价值为 0.11 亿元,比例为 18.64%;重度退化等级营养物质循环价值最少,为 0.02 亿元,比例为 3.39%。

1990~2009 年营养物质循环价值减少了 0.20 亿元。其中,1990~2000 年营养物质循环价值减少了 0.21 亿元。这 20 年中,1990 年的营养物质循环价值最高,无明显退化等级的营养物质循环价值比例最高,占 72.40%,随后逐渐降低,说明草地退化在逐渐增强。

4.3.4   环境污染净化价值

草地具有净化空气、吸附粉尘的作用。它通过吸收空气中的硫化物、氮化物等有害物质来净化空气。SO_2 在有害气体中数量最多,分布最广,危害较大。草地对 SO_2 具有净化作用,运用替代市场法,计算其对环境净化作用的价值。

据测定,每千克干草叶每天可吸收的 SO_2 为 1×10^{-3} kg,每年牧草生长期以 150 d 计算,每削减 1 t SO_2 的投资为 600 元,据此可以计算班戈县草地吸收的价值。

据有关测定,草地每年的滞降尘量为 1.2 kg/hm^2,削减粉尘的成本为 0.17 元/kg,滞尘功能价值的计算公式为

$$F_s = Q_i \times S_i \times W \tag{4-6}$$

式中:F_s 为草地降尘功能价值;Q_i 为单位面积吸纳粉尘的量;S_i 为草地面积;W 为削减粉尘的费用,我国削减粉尘的平均费用是 0.17 元/kg。

根据以上公式,计算班戈县的草地降尘功能价值见表 4-6。

表 4-6 班戈县草地吸收 SO_2、降尘功能价值

退化等级	1990 年		2000 年		2009 年	
	吸收 SO_2 价值 /万元	降尘功能 /万元	吸收 SO_2 价值 /万元	降尘功能 /万元	吸收 SO_2 价值 /万元	降尘功能 /万元
无明显退化	2850	15.37	1180	6.34	1070	6.34
轻度退化	1020	4.86	1640	7.81	1570	7.81
中度退化	160	0.86	660	3.44	630	3.44
重度退化	40	0.20	170	0.92	880	0.92
合计	4070	21.29	3650	18.51	4150	18.51

从表 4-6 中可以看出,1990 年班戈县吸收 SO_2 的价值为 4070 万元,降尘功能价值为 21.29 万元。无明显退化等级吸收 SO_2 的价值最大,为 2850 万元,其次为轻度退化等级,其吸收 SO_2 的价值为 1020 万元,两者吸收 SO_2 的价值占总价值的 95.08%;降尘功能最大的也是无明显退化等级,为 15.37 万元,其次仍然为轻度退化等级,其降尘功能为 4.86 万元,其他两个等级很小。2000 年 SO_2 的价值为 3650 万元,降尘功能价值为 18.51 万元。轻度退化等级吸收 SO_2 价值最大,为 1640 万元,其次为无明显退化等级,其吸收 SO_2 价值为 1180 万元;降尘功能最大的是轻度退化等级,为 7.81 万元,其次仍然为无明显退化等级,其降尘功能为 6.34 万元,中度退化等级为 3.44 万元,重度退化等级最小,为 0.92 万元。

2009 年吸收 SO_2 价值为 4150 万元,降尘功能价值为 18.51 万元。轻度退化等级吸收 SO_2 价值最大,为 1570 万元,其次为无明显退化等级,其吸收 SO_2 价值为 1070 万元;降尘功能最大的是轻度退化等级,为 7.81 万元,其次仍然为无明显退化等级,其降尘功能为 6.34 万元,中度退化等级为 3.44 万元,重度退化等级最小,为 0.92 万元。

4.3.5 土壤侵蚀控制价值

草地生态系统的土壤侵蚀控制功能主要表现为保护土壤肥力、减少废弃地和减轻泥沙淤积量三个方面。土壤保持功能是一项非常基本的陆地生态系统服务功能。本研究采用 USLE 模型进行土壤侵蚀量的计算,包括潜在土壤侵蚀量和现实土壤侵蚀量,两者之差即为土壤保持量。根据计算得到的土壤保持量,分别计算草地生态系统保持土壤肥力、减少土地废弃和减少泥沙淤积的经济价值。

1. 土壤保持量

草地的潜在土壤侵蚀量和现实土壤侵蚀量之差就是草地土壤保持量。潜在土壤侵蚀量是指完全不考虑植被覆盖因素和土壤管理因素的理想状态下可能产生的侵蚀量,而现实土壤侵蚀量则是在实际存在的植被覆盖状况和土壤管理模式下的土壤侵蚀量。在本研

究中采用通用的土壤侵蚀方程（USLE）来估算班戈县土壤侵蚀量：

$$A_c = A_p - A_r = R \times K \times LS \times (1 - CP) \tag{4-7}$$

式中：A_c 为土壤保持量（t/a）；A_p 为潜在土壤侵蚀量；A_r 为现实土壤侵蚀量；R 为降水侵蚀指标；K 为土壤可蚀性因子；LS 为坡度坡长因子；C 为地表植被覆盖因子；P 为土壤保持措施因子。

（1）降雨侵蚀力的计算。由于班戈县降雨主要发生在 5～9 月，根据实际情况采用 5～9 月多年月平均降雨资料，由周伏建建立的年 R 值修正方程计算：

$$R = \sum 0.024 \bar{P}_i^{1.5527} \tag{4-8}$$

式中：R 为年降雨侵蚀力，$(MJ \cdot mm)/(hm^2 \cdot h \cdot a)$；$\bar{P}_i$ 为 5～9 月多年月平均降雨量，mm。

（2）K 值的估算。土壤可蚀性（K）指土壤对侵蚀剥蚀和搬运的易损性和敏感性。其计算过程相当烦琐。本研究在班戈县不同生态系统土壤质地和有机质含量基础上，根据相关学者提供的 K 值表，可以得到该区不同生态系统的 K 值。

（3）坡度坡长因子的计算。在 USLE 中，地形因子（LS）是在相同条件下，每单位面积坡面流失与标准小区（坡长 22.13 m，坡度 9%）流失之比值。其计算方法是在地形图上分别提取等高线和高程点，通过 GIS 软件生成数字高程模型（DEM），利用 ArcGIS Spatial Analysis 模块对 DEM 提取坡长、坡度等信息，并根据周建勤等的公式计算坡长、坡度因子：

$$LS = 100 \times \sqrt{L} \times (1.36 + 0.97S + 0.138S^2) \tag{4-9}$$

式中：L 为坡长；S 为百分比坡度。

（4）植被覆盖因子（C）与土壤保持措施因子（P）的计算。植被覆盖因子根据地面植被覆盖状况反映植被对土壤侵蚀的影响，根据蔡崇法等（2001）的研究成果，植被覆盖因子（C）和植被覆盖度（V_c）的对数呈线性关系：

$$C = 0.6508 - 0.3436 \times \lg V_c \tag{4-10}$$

式中：V_c 为植被覆盖度，$V_c \geqslant 78.3\%$ 时，不产生土壤流失，$C = 0$；当 $V_c = 0$ 时，$C = 1$。班戈县草地生态系统大部分没有采取水土保持措施，其 P 值取 1.00。

2. 保持土壤肥力价值

水土流失造成土壤肥力损失、减少破坏可耕地面积、淤塞河道、水库等。草地保土功能价值可以由市场价值法、恢复费用法、机会成本法和影子工程法来估算。首先根据土壤保持量计算所保持 N、P、K 的数量，再运用影子价格法，由硫酸铵、过磷酸钙和氯化钾的市场价格估算保持土壤肥力的价值：

$$M = \sum Q \times C \times D \times P \tag{4-11}$$

式中：M 为保持土壤养分经济价值，元/年；Q 为土壤保持总量，t/年；C 为土壤中养分（N、P、K）的平均含量；D 为土壤中碱解氮、速效磷和速效钾折算为硫酸铵、过磷酸钙和氯化钾的系数；P 为硫酸铵、过磷酸钙和氯化钾的价格，元/t。

3. 减少土地废弃价值

草地生态系统退化造成土地废弃的价值可以用土地废弃的机会成本替代。本研究根据土壤保持量和土壤表土平均厚度来推算因土壤侵蚀而造成的废弃土地面积,再运用土地的机会成本法估算减少土地废弃的价值:

$$E_f = \frac{A_c}{\rho \times h} \times P_s \tag{4-12}$$

式中:E_f 为减少土地废弃的价值,元/年;A_c 为土壤保持量,t/年;ρ 为土壤容重,西藏草地土壤的土壤容重为 1.32 g/cm³;h 为土层厚度,西藏草地土壤的土层厚度平均为 40 cm;P_s 为班戈县牧业生产的年均收益。

4. 泥沙淤积价值

欧阳志云等(1995)按照我国的泥沙运动规律,估计每年全国土壤侵蚀流失的泥沙有24%淤积在水库、江河和湖泊中,造成了水库、江河、湖泊蓄水量减少。因而可以用建设水库的成本来替代减轻泥沙淤积的经济价值:

$$E_y = \frac{A_c \times 0.24}{\rho} \times P_K \tag{4-13}$$

式中:E_y 为减轻泥沙淤积的价值,元/年;A_c 为土壤保持量,t/年;ρ 为土壤容重;P_K 为单位库容水库的工程费用。

5. 班戈县草地土壤保持量及其经济价值统计分析

由于土壤肥力保持价值、减少泥沙淤积价值和减少土地废弃价值都是在土壤保持量的基础上计算得到的,式(4-7)通过多个变量可获取,式(4-11)~式(4-13)通过引入土壤保持量计算获取三个年份土壤经济价值,最终结果见表 4-7。

表 4-7　班戈县草地土壤保持量及其经济价值

年份	土壤保持量 /(×10⁶t/年)	经济价值		
		土壤肥力保持 /(万元/年)	减少土地废弃价值 /(万元/年)	减少泥沙淤积价值 /(万元/年)
1990	3.26	753	12	99
2000	3.08	712	12	94
2009	3.06	707	12	93

班戈县 1990 年草地土壤保持量为 3.26×10^6 t,其经济价值为 864 万元,其中,土壤保持肥力为 753 万元,减少土地废弃价值为 12 万元,减少泥沙淤积价值为 99 万元。班戈县 2000 年草地土壤保持量为 3.08×10^6 t,其经济价值为 818 万元,其中,土壤保持肥力为712 万元,减少土地废弃价值为 12 万元,减少泥沙淤积价值为 94 万元。班戈县 2009 年草地土壤保持量为 3.06×10^6 t,其经济价值为 812 万元,其中,土壤保持肥力为 707 万元,减少土地废弃价值为 12 万元,减少泥沙淤积价值为 93 万元。

1990～2009 年班戈县草地土壤保持量在持续下降,从 1990 年的 3.26×10⁶ t/年下降到 3.06×10⁶ t/年,20 年时间下降了 0.20×10⁶ t/年,其经济价值也从 864 万元/年下降到了 812 万元/年,20 年间下降了 52 万元/年。草地土壤保持量持续下降,说明班戈县草地在不断退化,草地生态系统土壤侵蚀控制功能价值在不断降低和减少。

4.3.6　涵养水源价值

草地具有截留降水的生态功能,而且比空旷裸地有较高的渗透性和保水能力。草地涵养水源价值为年涵养水量乘以水价,水价可用中国水库建设的影子工程价格替代。茂密的植被 1 年中截流的水流为年降水量的 25% ～30%,本书中截流系数按最低值 25% 计算,中国水库建设成本为 0.167 元/m³,计算公式为

$$F_h = \sum T_i \times S_i \times P \times 0.25 \tag{4-14}$$

式中:F_h 为草地涵养水源价值;T_i 为 i 草地单位面积降雨量;S_i 为第 i 种类型草地的面积;P 为水库建设成本。

根据式(4-14)估算草地生态系统涵养水源量的价值,得出三个时期的草地涵养水源量价值。1990 年班戈县的草地涵养水源量价值为 23.71 亿元,2000 年为 20.68 亿元,2009 年为 25.08 亿元。需要说明的是,2009 年涵养水源价值较 1990 年和 2000 年高,并不是因为 2009 年草地植被比之前好,而是由于 2009 年降雨量增加,故涵养水源量增加,其相应的服务功能价值也增加。

4.3.7　防风固沙价值

高寒地区的草地生态系统具有十分脆弱、难以恢复的特点。草地生态系统一旦破坏将直接面临着沙漠化的危险,所以在草原生态服务功能评价时应重点考虑它的固沙作用。草地一旦破坏,如果进行沙漠化治理将付出昂贵的代价,所以采用机会成本法、用治理沙化草地的费用来替代草原固沙的生态效益是比较合理的。据资料报道,我国沙化治理的费用为 2 624.67 元/hm²,以此得到班戈县草地防风固沙的价值,见表 4-8。

从表 4-8 中可以看出,1990 年班戈县防风固沙价值为 28.72 亿元。无明显退化等级防风固沙价值最大,为 20.80 亿元,所占比例为 72.42%;其次是轻度退化等级,防风固沙价值为 6.46 亿元,所占比例为 22.49%;中度退化等级防风固沙价值为 1.19 亿元,比例为 4.14%;重度退化等级防风固沙价值最少,为 0.27 亿元,比例仅为 0.94%。1990 年的防风固沙价值最多的为无明显退化等级和轻度退化等级,两者比例占总量的 94.91%。2000 年班戈县防风固沙价值为 21.82 亿元,最多的是轻度退化等级,为 9.96 亿元,比例为 45.63%;其次为无明显退化等级,防风固沙价值为 4.63 亿元,比例为 21.22%;中度退化等级防风固沙价值为 5.90 亿元,比例为 27.04%。重度退化等级防风固沙价值最少,

为 1.33 亿元,比例为 6.10%。2009 年班戈县防风固沙价值为 23.71 亿元;最多的是轻度退化等级,为 10.14 亿元,比例为 42.77%;其次为无明显退化等级,防风固沙价值为 8.68 亿元,比例为 36.61%;中度退化等级防风固沙价值为 4.23 亿元,比例为 17.84%;重度退化等级防风固沙价值最少,为 0.66 亿元,比例为 2.78%。

表 4-8　班戈县草地防风固沙的价值表

班戈县	1990 年		2000 年		2009 年	
	价值/亿元	所占比例/%	价值/亿元	所占比例/%	价值/亿元	所占比例/%
无明显退化	20.80	72.42	4.63	21.22	8.68	36.61
轻度退化	6.46	22.49	9.96	45.63	10.14	42.77
中度退化	1.19	4.14	5.90	27.04	4.23	17.84
重度退化	0.27	0.94	1.33	6.10	0.66	2.78
合计	28.72	100	21.82	100	23.71	100

注:所占比例之和可能不等于合计数字,是因为有些数据进行过舍入修约。

1990~2009 年班戈县草地防风固沙的经济价值在不断下降,特别是由于草地不断退化,未退化草地面积不断减少,导致无明显退化等级草地防风固沙的经济价值下降的幅度最大,从 1990 年的 20.80 亿元,下降到 2009 年的 8.68 亿元,20 年间下降了 12.12 亿元。轻度退化等级草地防风固沙的经济价值在上升,从 1990 年的 6.46 亿元,上升到 2009 年的 10.14 亿元,20 年间上升了 3.68 亿元,其中前 10 年上升了 3.50 亿元,后 10 年上升了 0.18 亿元;中度退化草地防风固沙的经济价值在上升,从 1990 年的 1.19 亿元上升到 2009 年 4.23 亿元,其中,2000 年达到 5.90 亿元,后又下降;重度退化等级草地防风固沙的经济价值从 1990 年的 0.27 亿元上升到 2000 年的 1.33 亿元,后又下降到 0.66 亿元。

4.3.8　维持生物多样性价值

班戈县草地生态系统是生物多样性的宝库,是大量高寒野生动植物和微生物的栖息地,是生物多样性的重要载体之一。草地维持生物多样性价值的估算至今仍然是个难题。本书采用已有成果参照法来估算草地维持生物多样性的价值。根据谢高地等(2003)的研究成果,青藏高原草地维持生物多样性的价值为 528.904 4 元/hm²。据此可计算出班戈县草地维持生物多样性的价值。

根据上面的方法估算得出三个时期的草地维持生物多样性的价值。1990 年班戈县的草地维持生物多样性的价值为 12.52 亿元,2000 年为 11.84 亿元,2009 年为 11.76 亿元。

4.4　草地生态服务功能价值损失分析

生物量价值的计算通过生物量的提供可以得到;大气的调节要通过固定 CO_2 和释放 O_2 的过程实现,所以大气调节涉及碳蓄积和氧气释放价值的计算;营养物质循环通过草地营养物质的含量和其价值的计算获取;环境净化作用是通过草地降尘功能来计算的,主要通过吸收 SO_2 实现草地降尘功能的价值计算;土壤的保持功能价值是通过文中的土壤侵蚀控制功能价值来体现的;涵养水源价值是通过截取降雨量计算得到的;防风固沙价值是通过治理沙化的价值获得的。1990 年、1999 年和 2009 年班戈县草地生态系统服务各个功能价值见表 4-9。

表 4-9　班戈县草地生态系统服务功能价值动态变化

服务功能类型	年份		
	1990	2000	2009
提供生物量/亿元	6.26	4.62	5.08
碳蓄积和氧释放/亿元	26.28	19.40	21.37
营养物质循环/亿元	0.79	0.58	0.59
环境净化/亿元	0.41	0.36	0.37
土壤保持/亿元	0.07	0.07	0.07
涵养水源价值/亿元	23.71	20.68	25.08
防风固沙价值/亿元	28.71	21.81	23.70
维持生物多样性/亿元	12.52	11.84	11.76
总计/亿元	98.75	79.36	88.02

从表 4-9 中可以看出,1990 年、2000 年、2009 年班戈县生态系统服务功能价值变化状况:生态系统服务价值总体呈下降趋势,1990 年为 98.75 亿元,2000 年为 79.36 亿元,2009 年为 88.02 亿元。从 1990~2009 年的 20 年间,班戈县草地生态服务功能损失了 10.73 亿元,损失率为 10.87%。从生态系统服务功能价值的时间序列变化看,1990~2000 年和 2000~2009 年两个时间段,生态系统服务功能价值减少量明显不同。1990~2000 年间班戈县生态系统服务功能价值减了 19.39 亿元。这 10 年是草地退化严重的时期,也是生态系统服务功能价值损失较多的时期。2000~2009 年生态系统服务功能价值增加了 8.66 亿元,可见后一阶段生态系统服务功能价值在逐渐增加。这跟近年来藏北地区实施的一系列草地生态保护措施有关。

班戈县草地生态系统中碳蓄积和氧释放、涵养水源、防风固沙服务功能价值较大,三个年份中这三项服务功能价值比例之和均在总价值的 79.69% 以上;维持生物多样性价值比例占总价值的 12.69% 以上,环境净化和土壤保持的服务功能价值较小;提供生物量服务功能价值占总服务功能的价值不大:1990 年为 6.26 亿元,占总价值的 6.34%;2000 年为 4.62 亿元,占总价值的 5.82%;2009 年为 5.08 亿元,占总价值的 5.77%,说明班戈县草地生态服务性功能价值远远大于生产性功能价值。

　　1990~2009 年各单项服务功能价值变化程度大小不同。草地退化变化导致了班戈县草地生态服务功能下降,单项服务功能价值差异显著。1990~2009 年草地提供生物量的服务功能价值从 6.26 亿元下降到 5.08 亿元,20 年时间损失了 1.18 亿元;碳蓄积和氧释放服务功能价值损失了 4.91 亿元;营养物质循环服务功能价值损失了 0.20 亿元;环境净化服务功能价值损失了 0.04 亿元;防风固沙服务功能价值损失了 5.01 亿元,维持生物多样性服务功能价值损失了 0.76 亿元。其中,损失最大的是防风固沙服务功能价值,占总损失量的 46.69%。

参 考 文 献

阿依古丽,2009.吉林西部草地动态变化分析与生态系统服务功能价值评价.长春:吉林大学.

安宝晟,程国栋,2014.西藏生态足迹与承载力动态分析.生态学报,34(4):1002-1009.

蔡崇法,丁树文,史志华,等,2001.GIS 支持下三峡库区典型小流域土壤养分流失量预测.水土保持学报,15(1):9-12.

蔡晓明,2000.生态系统生态学.北京:科学出版社.

陈佐忠,汪诗平,2000.中国典型草原生态系统.北京:科学出版社.

邓艾,2005.青藏高原草原牧区生态经济研究.北京:民族出版社.

董治宝,高尚玉,董光荣,1999.土壤风蚀预报研究述评.中国沙漠,19(4):312-317.

傅伯杰,周国逸,白永飞,等,2009.中国主要陆地生态系统服务功能与生态安全.地球科学进展,24(6):571-576.

胡自治,孙吉雄,张映生,等,1992.甘肃天祝主要高山草地的生物量及光能转化率.植物生态学报,18(2):121-131.

高清竹,李玉娥,林而达,等,2005.藏北地区草地退化的时空分布特征.地理学报,60(6):87-95.

姜立鹏,覃志豪,谢雯,等,2007.中国草地生态系统服务功能价值遥感估算研究.自然资源学报,22(2):161-170.

李文华,2008.生态系统服务功能价值评估的理论、方法与应用.北京:中国人民大学出版社.

李忠魁,拉西,2008.西藏草地资源价值及退化损失评估.中国草地学报,31(2):14-21.

廖国藩,贾幼陵,1996.中国草地资源.北京:中国科学技术出版社:343-346.

刘起,1998.草地与国民经济的持续发展.四川草原(3):1-4.

刘军会,高吉喜,聂亿黄,2009.青藏高原生态系统服务价值的遥感测算及其动态变化.地理与地理信息科学,25(3):81-84.

刘兴元,冯琦胜,2012.藏北高寒草地生态系统服务价值评估.环境科学学报,2(12):3152-3160.

刘兴元,龙瑞军,尚占环,2011.草地生态系统服务功能及其价值评估方法研究.草业学报,20(1):

167-174.

刘忠宽,汪诗平,陈佐忠,等,2006.不同放牧强度草原休牧后土壤养分和植物群落变化特征.生态学报, 26(6):2048-2056.

毛飞,侯英雨,唐世浩,等,2007.基于近20年遥感数据的藏北草地分类及其动态变化.应用生态学报,18 (8):1745-1750.

欧阳志云,王效科,苗鸿,1995.中国陆地生态系统服务功能及其生态经济价值的初步研究.生态学报 (5):607-613.

石垚,王如松,黄锦楼,等,2012.中国陆地生态系统服务功能的时空变化分析.科学通报,57(9): 720-731.

汪诗平,王艳芬,陈佐忠,等,2001.内蒙古典型草原主要土壤类型和植物硫状况的研究.植物生态学报 (4):465-471.

夏训诚,杨根生,1996.中国西北地区沙尘暴灾害及防治.北京:中国环境科学出版社.

谢高地,鲁春霞,冷允法,2003.青藏高原生态资产的价值评估.自然资源学报,18(2):189-196.

谢高地,鲁春霞,肖玉,等,2003.青藏高原高寒草地生态系统服务价值评估.山地学报,21(1):50-55.

严茂超,1998.西藏生态经济系统的能值分析与可持续发展研究.自然资源学报,13(2):116-125.

杨艳,牛建明,张庆,等,2011.基于生态足迹的半干旱草原区生态承载力与可持续发展研究:以内蒙古锡 林郭勒盟为例.生态学报,31(17):5096-5104.

于贵瑞,2003.全球变化与陆地生态系统碳循环和碳蓄积.北京:气象出版社.

张华,李锋瑞,伏乾科,等,2004.沙质草地植被防风抗蚀生态效应的野外观测研究.环境科学,25(2): 119-124.

张新时,2000.草地的生态经济功能及其范式.科技导报(8):3-7.

张志强,徐中民,程国栋,等,2001.中国西部12省(区市)的生态足迹.地理学报,56(5):599-610.

赵军,杨凯,2007.生态系统服务价值评估研究进展.生态学报,27(1):346-356.

赵同谦,欧阳志云,贾良清,等,2004.中国草地生态系统服务功能间接价值评价.生态学报,24(6): 1101-1110.

周伏建,陈明华,林福兴,1995.福建省降雨侵蚀力指标 R 值.水土保持学报,1(1):27-33.

朱文泉,张锦水,潘耀忠,等,2007.中国陆地生态系统生态资产测量及其动态变化分析.应用生态学报, 18(3):586-594.

Carolyn M M,Scott B H,Christopher B,et al,2009. Using remote sensing to evaluate the influence of grassland restoration activities on ecosystem forage provisioning services storation. Ecology,17(4): 526-538.

Costanza R,1997. The Value of the world's ecosystem services and natural Capital. Nature(387): 253-260.

Egoh B,Reyers B,Rouget M,et al,2008. Mapping ecosystem services for planning and management. Agriculture,Ecosystems&Environment,127(1/2):135-140.

Farber S C,Costanza R,Wilson M A,2002. Economic and ecological ecosystem services. Ecological Economics(41):375-392.

Ferraro P J,2004. Targeting conservation investments in heterogeneous landscapes-A distance function approach and application to watershed management. American Journal of Agricultural Economics,86 (4):905-918.

Hein L, van Koppen K, de Groot R S, et al, 2006. Spatial scales, stakeholders and the valuation of ecosystem services. Ecological Economics, 57(2): 209-228.

Laterra P, Orúe M E, Booman G C, 2012. Spatial complexity and ecosystem services in rural landscapes. Agriculture, Ecosystems & Environment, 154(S1): 56-67.

Lautenbach S, Kugel C, Lausch A, et al, 2011. Analysis of historic changes in regional ecosystem service provisioning using land use data. Ecological Indicators, 11(2): 676-687.

Li X W, Li M D, Dong S K, et al, 2015. Temporal-spatial changes in ecosystem services and implications for the conservation of alpine rangelands on the Qinghai-Tibetan Plateau. The Rangeland Journal, 37 (1): 31-43.

Ni J, 2001. Carbon storage in terrestrial Ecosystem of China: Estimates at different spatial resolutions and their response to climate change. Climate Change(49): 339-358.

Odum H T, 2010. The energy of natural capital. Washington D C: Island Press:

Raudsepp-Hearne C, Peterson G D, Bennett E M, 2010. Ecosystem service bundles for analyzing tradeoffs in diverse landscapes. Proceedings of the National Academy of Sciences of the United States of America, 107(11): 5242-5247.

Rees W E, Wackernagel M, 1996. Urban ecological footprints: Why cites cannot be sustainable and why thcy are a key to sustainability. Environmental Impact Assessment Review, 224-248.

Sutton P C, Constanza R, 2002. Global Estimates of market and non-market values derived from night time satellite imagery, land cover and ecosystem service valuation. Ecological Economics(41): 509-527.

第 *5* 章 生态安全评价

生态安全是在一定时空领域内,人类社会赖以生存的社会、经济、资源、环境复合系统处于良性循环,并能满足该区域社会经济可持续发展的状态。生态安全是国家安全和社会稳定的重要组成部分。生态安全评价是对人类赖以生存的社会、经济、资源、环境复合系统安全素质优劣程度的定量评估。本书采用生态足迹模型来评价生态安全。

5.1 生态足迹的理论基础

生态足迹的理论基础是基于前人研究的成果,吸取了许多相关学科理论,通过不断改进而最终形成的一种全新理论。其理论基础主要有人地系统理论、环境承载能力理论、生态经济学理论、可持续发展理论和协调发展理论。

5.1.1 人地系统理论

人地系统是一个庞大的自然生态系统,是地球表层上人类活动与地理环境相互作用形成的开放的复杂系统,人类社会和地理环境两者之间的物质循环和能量转化相结合,是人地系统发展变化的机制。地球子系统是人类赖以生存和社会可持续发展的物质基础和必要条件;地球子系统的人口承载力是有一定的极限的。在一定意义上,人地系统就是生态足迹研究的对象,生态足迹就是研究人地系统是否协调发展的,而人地系统理论则为生态足迹理论提供了重要的理论研究基础(张学勤等,2010)。

5.1.2　环境承载力理论

环境承载力是指在现实环境结构、状态不发生改变的前提条件下，区域环境对人类社会经济活动支持能力的阈值（张可云等，2011）。资源和环境承载能力都是有限的，人类的社会经济活动必须建立在资源和环境承载能力的范围之内，社会的发展才具有可持续性。人类可以通过科学技术进步，改变经济增长方式等手段来改善环境质量、提高区域环境承载力，使其向有利于人类的方向发展。人类对环境质量提高的作用程度是有限的。环境承载力用来衡量人类社会经济与环境协调程度。而生态足迹分析法就是研究一定区域，甚至全球尺度下生态足迹的大小，用来表征其可持续发展情况，因此，环境承载能力理论是生态足迹理论的重要来源。

5.1.3　生态经济学理论

生态经济学是20世纪50年代产生的由生态学和经济学相互交叉形成的一门边缘学科。它研究生态系统的结构与功能、生态平衡与经济平衡、生态效益与经济效益、生态供给与经济供给的矛盾关系，以此谋求自然生态系统与人类社会经济系统协调发展、持续、稳定发展的方式。

生态经济系统是由生态系统和经济系统两个子系统组成的复合系统，生态系统与经济系统之间存在着物质循环、能量转换和信息传递，同时还存在着价值流，是一个具有独立结构、特征和功能的生态经济综合体（高阳等，2011）。生态系统为经济活动的生产和再生产提供物质和能量，是经济活动的物质基础。经济系统的发展受到生态系统的制约，又对生态系统的物质流和能量流产生直接或间接影响。人作为经济活动的主体，通过各种形式的调节控制，使得经济系统的再生产过程成为具有一定目的的社会活动，进而影响和改变生态系统的结构和功能。作为基础结构的生态系统并非完全被动地接受经济系统所施加的影响，而是在其内部机制的作用下，对这种影响做出反应，并通过一定的形式反馈给经济系统。经济系统必须根据生态系统反馈的信息，调整对生态系统施加影响的程度和方式；否则生态系统这一基础结构遭到破坏，经济系统的主导作用也将丧失。

根据生态经济学理论，生态经济平衡发展是经济最优化发展模式，是实现可持续发展的重要保障；人类社会和自然相互作用的机理，也为生态足迹的研究提供了重要视角。

5.1.4　可持续发展理论

可持续发展是一个综合的、动态的概念，包括社会、经济和环境三大系统互相联系和影响的整体性和谐发展。可持续发展理论强调若实现人类未来社会的长足发展，就必须协调人与自然的关系，保护生态环境，不能以牺牲生态环境来换取经济增长。经济可持续发展是基础,生态可持续发展是条件,社会可持续发展是最终目的。它阐述了环境与发展的辩证关系:环境和发展两者密不可分,相互促进,经济发展离不开环境和资源的支持,而环境保护又需要经济发展提供技术和资金。发展的可持续性取决于环境和资源的可持续性。在可持续经济发展的理论框架下,研究生态足迹的目的,就是在人口与经济快速增长的形势下,在经济增长与环境资源持续利用之间,寻求合理的生态代价与适度的生态承载能力的动态平衡临界点,保持生态可持续性(杨齐等,2008)。

5.1.5　协调发展理论

区域协调发展理论认为,人口、资源、环境、发展是一个有机整体,它们相互促进、相互影响和相互制约。区域协调发展不是四大子系统的简单叠加,而是各子系统高度整合形成整体的结构与功能。人类社会通过控制自身的行为,达到经济社会与人口、资源、环境的协调发展,获取最大的社会效益、经济效益和生态效益。区域协调发展需要从人类与自然界全局的角度出发,把区域经济活动作为一个整体,寻求经济与生态环境协调发展的最佳途径。协调发展理论要求增强人们克服区域经济社会活动的片面性和外部性的意识,指导人们正确处理社会与人口、资源、环境之间的关系,实现诸多要素和谐、统一、协调,达到总效益最佳的发展,因此,它是可持续发展和生态足迹的重要理论基础。

5.2　生态足迹的概念及内涵

1992 年加拿大生态经济学家 Rees 和 Wackemagel 共同提出了生态足迹这一概念,指在现有的技术条件下,一个国家或地区维持现有的人口和生活方式,需要具备多少生物生产性土地或水域来生产所需的资源和吸纳所产生的废弃物。生态足迹分析方法是一组基于土地面积来量度可持续发展状况的量化指标。它的基本思路是,人类要维持生存必须消费各种产品和资源,通过人类消费的各项产品和资源数量可以追溯提供这些消费所需的生物生产性土地面积。所以,在理论上人类所有的消费都可以折算成相应的生物生产性土地面积。在一定技术条件和消费水平基础上,要维持其所有物质消耗的生物生产性土地面积即为该地的生态足迹。它与人口数量、现有技术条件和消费水平有关。比如说人类消费的粮食可以通过均衡因子折算成生产这些粮食所需要的耕地面积,吸收人类排放的 CO_2 总量可以折算成吸收这些 CO_2 所需要的森林、草地或农田的面积。生态足迹可以理解成一只负载着人类和人类所创造的城市、工厂、铁路、农田……的巨脚踏在地球上时留下的脚印大小。通过测定目前人类为了维持自身生存而利用自然资源的数量与自然所能提供的产品和服务之间的差距来评估人类对生态系统的影响程度。将生态足迹与自然界可提供的生态生产型土地面积比较,可以在地区、国家和全球尺度上比较人类对自然的消费量与自然环境的承载量。生态足迹的意义明确人类对自然依赖程度以及探索保障地球的承受力,进而持续支持人类未来的生存和发展。

5.3　生态足迹的研究方法

5.3.1　计算前提

为了对人类需求的自然资源和自然资源的再生能力进行数量分析，Ress 和 Wackergenal 等提出的生态足迹理论基于以下几个假设。

（1）国家年度的资源消耗和废物产生量是有统计数据的，度量单位可以是吨、焦耳或立方米。大多数国家都有专门的国家或国际上的机构来统计编纂本国当年消费的资源、能源及其所产生的废弃物的数量，因此在计算生态足迹时需要统计的资源、能源及其所产生的废弃物的数据都有年度统计数据可查。

（2）大多数资源的生产及对废弃物消纳能力与所需的生物生产性土地面积有关。例如，谷物类消费品与农耕地有关、牛羊肉类消费品与牧草地有关。人类利用的资源、能源和排放的废弃物大多能通过均衡因子折算成生产这些资源、能源和吸收废弃物所需的生物生产性土地面积。

（3）通过使用平均生产性面积（全球公顷或世界公顷），将不同类型的生物生产性土地进行加权。权重为土地的生物生产力。耕地、草地、林地和水域生产的产品不同，生产能力也不同，但都可以通过使用标准的平均生产性面积（全球公顷）折算成不同的等值面积，即标准公顷（或亩）。

（4）不同类型土地的用途是单一的、互斥的，以标准化公顷为单位对不同类型的土地进行折算，折算后的土地面积能够直接简单相加，因此能够得到土地的需求总量。折算后得到土地的需求总量即为生态足迹。每种类型的土地只能加一次，否则会使生态足迹结果偏大。尽管土地的用途有多种，如林地可以提供林产品，还具有生态服务功能，如涵养水源、调节气候等，在计算生态足迹时只考虑提供林产品的单一用途。

（5）人类需求的生物生产性土地总面积（总生态足迹）可以与自然系统提供的生物生产性土地面积相比较。自然生态系统为人类提供的所有生态服务产品也可以用标准化公顷为单位折算成相应的生物生产性土地面积。两者都使用标准化公顷进行折算，具有可比性，比较的结果也是标准化公顷。

（6）人类对生产性土地面积的需求（生态足迹）可以超越自然生态系统可提供的生产性土地面积（生态承载力或叫生态容量）。如果人类需求的生产性土地面积超过了自然界提供的生产性土地面积，即生态足迹超过生态容量，就出现生态赤字。生态赤字可由两种方法消除：一种是通过进口，通过进口欠缺的资源以平衡生态足迹，但这会导致生态贸易赤字；另一种是过度消耗当地资源来弥补自然供给的不足，这将导致自然资本的耗竭，即生态耗损。生态足迹超过生态承载力表明区域发展模式处于不可持续状态，其不可持续的程度用生态赤字来衡量。生态足迹是检验生态供给可持续性的重要指标。

5.3.2　相关概念

1. 生物生产性土地

生物生产是指生态系统中的生物从外部环境中吸收维持生命活动所必需的物质和能量,通过自身的生物化学作用转化为新的物质,从而实现物质的积累和能量的转化(海全胜,2011)。生物生产性土地是指具有生物生产能力的土地或水体。生态足迹评估模型根据土地生产能力的不同把地球表面的生物生产性土地分为 6 个类型:耕地、草地、林地、水域、化石燃料用地和建设用地。其中,耕地的生产能力是最大的,提供了人类所需要的绝大部分生物产品;草地和林地的生产能力要低得多。除了这 6 大主要土地类型外,还有很多生物生产性土地,如城市绿化、荒漠、湿地等,但这些土地不能直接为人类提供生物产品,所以不纳入生态足迹的计算。

(1)耕地。耕地能够集聚的生物量最多,是所有生物生产性土地中生产力最高的土地类型,主要用于种植粮食作物。耕地提供了人类生存所需的绝大多数食品。联合国粮食和农业组织(Food and Agriculture Organization,FAO)的报告显示,世界上大约有 15×10^8 hm² 的耕地,其中,13.5×10^8 hm² 处于已耕种的状态。每年因为土质严重退化变为无法耕种的废弃地的面积达 100×10^4 hm²。

(2)草地。草地指用于生长牲畜需要牧草的土地。草地积累生物量的能力小于耕地,加上植物能量转化为动物能量过程存在着著名的 1/10 效率的原因,草地为人类提供的生化能量比耕地小得多。全球目前大约有 35×10^8 hm² 的天然和半天然的牧草地,折合人均约 0.6 hm²。

(3)林地。林地指人工林或天然林覆盖的土地。森林除了可以提供林产品外,具有防风固沙、调节气候、保持水土、涵养水源、保护生物多样性等多种功能。据联合国粮食和农业组织于 2005 年对世界森林资源评估结果显示,1990～2000 年森林减少年平均速度大约为 18%,2000～2005 年森林减少年平均速度大约为 0.2%。大多数林地的生态生产力较低。

(4)水域。水域包括淡水(河流、淡水湖泊等)和非淡水(海洋、盐水湖泊等)。海洋面积为 3.61×10^8 km²,占全球总面积的 71%。可供人类使用的淡水储量仅占全球总水量的 2.53%,而且很大一部分分布在难以利用的地区。沿大陆架占总海洋面积 6% 的近海域提供了人类捕鱼量的 95% 以上。

(5)化石燃料用地。消费化石能源会排放 CO_2 和其他气体,产生温室效应,对生态环境产生严重影响。因为需要有足够的林地用来吸收温室气体以抵消这一影响,所以消费化石能源所占用的土地是林地。因这类土地不以生产林产品为目的,专门用来吸收温室气体,故将其独立列出。在实际生活中很少有专门预留的一些林地来改善生态,大多以经济为目的,大肆砍伐森林。具有吸收温室气体功能的天然森林面积迅速减少,消费的能源总量却在不断上升。因此,化石燃料用地的供给远远低于其需求量。

(6)建设用地。建设用地指各种人居设施和道路、工业生产和水电站等占用人类生存必需的土地。这类地的世界占有量的最低估计是 3×10^8 hm²。由于人类定居在地球上最肥沃的土地上,大部分建设用地使用的是生产力最高的耕地,建设用地数量的不断增加意味着生物生产量的损失。

2. 均衡因子和产量因子

不同类型的生物生产性土地具有不同的生产能力,在进行统计时是不能直接相加的。均衡因子就是一个使不同类型的生态生产性土地转化为在生物生产力上等价的系数。不同生物生产性土地类型具有不同的生产能力。均衡因子通过各类生态生产性土地的平均生物生产力将不同生物生产性土地面积转换为具有相同生态生产力的土地面积,用于生态足迹计算。均衡因子不考虑因耕作技术和管理水平而产生的实际土地生产力差异,仅反映的是各类土地的潜在生产能力,而不同国家和地区之间由于存在气候、土壤、投入强度、管理水平等方面的差异,各国各地区同类型生物生产性土地的生物生产能力差异很大,因而不同区域同类型的生物生产性土地的面积大小是不能直接进行比较的。需通过加入"产量因子"来修正后才能进行直接比较。

产量因子(yield factor)又称生产力系数,是一个国家或地区某类土地的平均生产力与世界同类平均生产力的比率,是将各国各地区同类型的生物生产性土地面积转化为可比面积的参数。不同国家或地区相同类型的生物生产性土地有不同的生产能力,产量因子可以消除不同国家或地区某类生物生产面积所代表的平均产量与世界平均产量的差异。

5.3.3　计　算　过　程

生态足迹模型的计算分为生态足迹(或者叫生态需求)和生态承载力(或者叫生态供给)两个部分。生态足迹的计算方法可分为两个部分,即将人类消费的资源、能源和排放的废弃物转化成对应的土地面积和通过参数调整来比较生态足迹和生态承载力。

生态足迹的任务是计算各项消费的生物生产性土地面积,所使用的是以全球公顷为单位的土地,一个单位的"全球公顷"相当于一公顷具有全球平均产量的生物生产性土地面积。具体的计算步骤如下。

1. 计算各主要消费项目的人均年消费量值

将人类各种消费和污染消纳归结为生物资源消费和化石能源消费两大类。然后,将资源消耗量按照区域的生物生产能力分别折算成具有生物生产力的耕地、林地、草地、水域、建筑用地和化石燃料用地 6 类生物生产性土地的面积,计算过程如下。

(1) 计算区域第 i 项消费项目年消费总量,计算公式为

$$C_i = P_i + I_i - E_i \tag{5-1}$$

式中:C_i 为第 i 种消费项目的消费量;P_i 为第 i 种消费项目的生产量;I_i 为第 i 种消费项目的进口量;E_i 为第 i 种消费项目的出口量。

(2) 计算第 i 项人均年消费量值

$$D_i = \frac{C_i}{N} \tag{5-2}$$

式中：D_i 为第 i 种消费项目的人均年消费量值，$hm^2/$人；N 为总人口数。

2. 计算各种消费项目人均占用的生物生产性土地面积

将各项资源或产品的消费折算为实际生物生产性土地的面积，即实际生物足迹的各项组分。人均占用的实际生物生产性土地面积的计算公式为

$$A_i = \sum_{i=1}^{n} \frac{C_i}{Y_i} \qquad (5\text{-}3)$$

式中：A_i 为第 i 项消费项目人均占用的实际生物生产性土地面积，$hm^2/$人；Y_i 为第 i 项消费项目的年平均生产力，kg/hm^2。

3. 计算生态足迹

（1）汇总生产各种消费项目人均占用的各类生物生产性土地，即生态足迹组分。

（2）计算均衡因子 R_i。

均衡因子就是一个使不同类型的生物生产性土地转化为在生物生产力上均衡的系数。其计算公式为：

$$某类生物生产性土地的均衡因子 = \frac{全球该类生物生产性土地的平均生态生产力}{全球所有各类生物生产性土地的平均生物生产力}$$

（3）计算人均占用的各类生物生产性土地等价量

$$G_i = A_i \times R_i \qquad (5\text{-}4)$$

（4）求各类人均生态足迹的总和

$$e_f = \sum_{i=1}^{n} (A_i \times R_i) = \sum_{i=1}^{n} \frac{(P_i + I_i - E_i) \times R_i}{N \times Y_i} \qquad (5\text{-}5)$$

（5）计算地区总人口的总生态足迹：

$$E_F = N \cdot e_f \qquad (5\text{-}6)$$

式中：E_F 表示总的生态足迹；N 为总人口数。

4. 生态承载力计算

在生态承载力的计算中，由于不同国家或地区的自然生态环境和社会经济条件不同，土地利用方式不同，如耕地、林地、草地、海洋（水域）、建筑用地、化石燃料用地等，造成土地的生物生产能力差异很大，而且相同利用方式的土地生物生产力差别也很大。因此，不同国家或地区各类生物生产性土地的面积需要用产量因子和均衡因子进行调整才能进行比较。将不同类型生物生产性土地面积乘以相应的产量因子和均衡因子，就得到研究区生态承载力。同时，根据世界环境与发展委员会（WCED）的报告，出于谨慎性考虑，在计算生态承载力时还应扣除 12% 的预留土地来保护生物多样性。根据以上前提，生态承载力的计算公式为

$$E_c = N \cdot e_c = A_j \cdot R_j \cdot y_j \qquad (j = 1, 2, 3, \cdots, 6) \qquad (5\text{-}7)$$

式中：E_c 为区域总生态承载力，hm^2；e_c 为人均生态承载力，$hm^2/$人；A_j 为第 j 类土地的人均占用实际生物生产性土地面积；R_j 为第 j 类土地的均衡因子；y_j 为第 j 类土地的产

量因子。

5. 生态盈余/赤字计算

如果区域的生态足迹小于自然生态系统所能提供的生态承载力就会出现生态盈余；否则会出现生态赤字。

$$E_D = E_C - E_F \quad 或 \quad E_R = E_F - E_C \tag{5-8}$$

式中：E_D 表示生态盈余；E_R 表示生态赤字。

区域的生态盈余或生态赤字反映了区域人口对自然资源的利用状况，揭示了特定生态系统所提供的资源和环境对人类社会系统发展的支持能力，决定着一个区域经济社会发展的速度与规模。

6. 生态压力指数

$$E_T = \frac{E_F}{E_C} \quad 或 \quad e_t = \frac{e_f}{e_c} \tag{5-9}$$

式中：E_T 和 e_t 为区域生态足迹压力指数；E_F 为区域消费的所有生物资源的生态足迹；E_C 为区域生态承载力；e_f 为人均消费的生物资源的生态足迹；e_c 为人均生态承载力。

5.4 基于传统生态足迹方法的生态安全评价

5.4.1 基于传统生态足迹方法的计算

本书对班戈县生态足迹的计算中所采用的基础数据来源于以下几个方面：①《西藏统计年鉴》《西藏社会经济统计年鉴》《西部统计年鉴》《那曲地区统计年鉴》以及对相关部门进行调研所得的公开统计资料；②西藏统计信息网和一些其他网络上的资料；③在生态承载力计算使用的不同类型土地数据均来自于三个时期的遥感影像。

1. 1990 年班戈县生态足迹与生态承载力

从班戈县 1990 年人均生态足迹和生态承载力分析结果（表 5-1）表明，1990 年班戈县人均生态足迹为 0.671 2 hm²，人均生态承载力为 1.594 3 hm²，人均生态盈余为 0.923 1 hm²。1990 年班戈县的资源供给能力能够满足当地居民的资源需求。其中，草地和水域的供给相对充足，为生态盈余，其余为生态赤字。草地的人均生态足迹为 0.380 8 hm²，供给为 1.438 0 hm²，生态盈余为 1.057 2 hm²，水域的人均生态足迹为 0.002 9 hm²，供给为 0.373 5 hm²，生态盈余为 0.370 6 hm²，草地和水域出现较大生态盈余的最主要原因是班戈县草地面积和水域面积较大，供给相对充足。耕地、林地、建设用地、化石燃料用地均为生态赤字。耕地和林地处于生态赤字的主要原因在于班戈县为纯牧业县，没有耕地，而当地牧民生活需要的粮食、蔬菜均依靠外部输入来解决，草地中极少的灌木主要体现生态价值，几乎没有直接的经济价值，因此，耕地和林地人均面积出现赤字。化石燃料用地赤字是因为班戈县没有留出供吸收 CO_2 的土地。建设用地出现赤字的主要原因是需求过大，超过了供给。

表 5-1 班戈县 1990 年生态足迹和生态承载力

项目	生态足迹(需求)			生态承载力(供给)			
	人均面积/hm²	均衡因子	均衡面积/(hm²/cap)	人均面积/hm²	均衡因子	产量因子	均衡面积/(hm²/cap)
耕地	0.094 7	2.8	0.265 2				
草地	0.761 7	0.5	0.380 8	90.817 9	0.5	0.031 7	1.438 0
林地	0.000 9	1.1	0.001 0				
水域	0.014 6	0.2	0.002 9	11.205 3	0.2	0.166 7	0.373 5
化石燃料用地	0.018 7	1.1	0.020 6				
建设用地	0.001 5	0.5	0.000 8	0.018 5	0.5	0.031 7	0.000 3
扣除12%生物多样性保护							0.217 4
合计			0.671 2				1.594 3

从生态足迹需求比例来看,班戈县对草地需求最大,为 0.380 8 hm²,占总需求的 56.74%,其次是耕地,为 0.265 2 hm²,占总需求的 39.51%,两者总计达到 96.24%。从供给比例来看,以草地和水域为主,分别占到 79.37% 和 20.62%,两者总计达到99.97%,但需求和供给的类型不同。

2. 2000 年班戈县生态足迹及生态承载力

从 2000 年班戈县人均生态足迹和生态承载力分析结果(表 5-2)看,2000 年班戈县人均生态足迹为 0.770 2 hm²,人均生态承载力为 1.173 3 hm²,人均生态盈余为 0.403 1 hm²。2000 年班戈县的资源需求状况与 1990 年类似,最多的是草地,人均生态需求为 0.422 0 hm²,人均生态承载力为 1.027 4 hm²,生态盈余为 0.605 4 hm²,其次是水域,生态需求为 0.003 3 hm²,生态供给为 0.305 5 hm²,生态盈余为 0.305 2 hm²,其余均表现为生态赤字,其中,耕地的生态赤字最多,为 0.314 9 hm²,建设用地赤字为 0.000 6 hm²,化石燃料用地与林地,没有相应的生态供给,都表现为生态赤字。

表 5-2 班戈县 2000 年生态足迹和生态承载力

项目	生态足迹(需求)			生态承载力(供给)			
	人均面积/hm²	均衡因子	均衡面积/(hm²/cap)	人均面积/hm²	均衡因子	产量因子	均衡面积/(hm²/cap)
耕地	0.112 5	2.8	0.314 9				
草地	0.844 0	0.5	0.422 0	70.371 9	0.5	0.029 2	1.027 4
林地	0.001 1	1.1	0.001 2				

项目	生态足迹(需求)			生态承载力(供给)			
	人均面积 /hm²	均衡因子	均衡面积 /(hm²/cap)	人均面积 /hm²	均衡因子	产量因子	均衡面积 /(hm²/cap)
水域	0.016 7	0.2	0.003 3	9.165 1	0.2	0.166 7	0.305 5
化石燃料用地	0.025 3	1.1	0.027 9				
建设用地	0.001 8	0.5	0.000 9	0.021 9	0.5	0.029 2	0.000 3
扣除12%生物多样性保护							0.160 0
合计			0.770 2				1.173 3

从生态足迹的需求比例来看,仍然以耕地、草地为主,分别占 40.88% 和 54.79%。从生态足迹的供给来看,还是以草地和水域为主,分别占 77.046% 和 22.92%。

3. 2009 年班戈县生态足迹及生态承载力

从 2009 年班戈县人均生态足迹的供需结构(表 5-3)看,2009 年人均生态足迹为 0.866 0 hm²,人均生态承载力 0.934 3 hm²,生态盈余为 0.068 3 hm²。2009 年各类土地的赤字/盈余幅度发生了一定的变化。除了草地和水域外,其余各类用地均表现为生态赤字。耕地的生态赤字达到历年最高值,为 0.358 9 hm²,草地的人均生态足迹也达到历年最高值,为 0.463 8 hm²,生态供给为 0.801 5 hm²,生态盈余为 0.337 0 hm²,林地的生态赤字为 0.001 5 hm²,水域的生态盈余为 0.256 0 hm²,化石燃料用地的生态赤字为 0.036 8 hm²。

表 5-3 班戈县 2009 年生态足迹和生态承载力

项目	生态足迹(需求)			生态承载力(供给)			
	人均面积 /hm²	均衡因子	均衡面积 /(hm²/cap)	人均面积 /hm²	均衡因子	产量因子	均衡面积 /(hm²/cap)
耕地	0.128 2	2.8	0.358 9				
草地	0.927 6	0.5	0.463 8	57.455 6	0.5	0.027 9	0.801 5
林地	0.001 4	1.1	0.001 5				
水域	0.019 5	0.2	0.003 9	7.797 0	0.2	0.166 7	0.259 9
化石燃料用地	0.033 4	1.1	0.036 8				
建设用地	0.002 2	0.5	0.001 1	0.022 9	0.5	0.027 9	0.000 3
扣除12%生物多样性保护							0.127 4
合计			0.866 0				0.934 3

从生态足迹需求比例来看,仍然以耕地、草地为主,分别占 41.44% 和 53.56%,两者共占 95.05%。从供给来看,仍然以草地和水域为主,分别占 75.49% 和 24.48%,两者总

计达 99.97%。

4. 班戈县生态足迹与生态承载力动态分析

班戈县各类生物生产性土地人均生态足迹从 1990～2009 年一直呈增加趋势。增加最多的是耕地,1990～2009 年班戈县耕地的人均生态足迹从 0.265 2 hm² 增加到 0.358 9 hm²,20 年时间增加了 0.093 7 hm²,其次是草地,从 1990 年的 0.380 8 hm² 增加到 2009 年的 0.463 8 hm²,化石燃料用地增加了 0.016 2 hm²,水域增加了 0.001 0 hm²,建设用地增加了 0.000 4 hm²,林地增加了 0.000 5 hm²(图 5-1)。

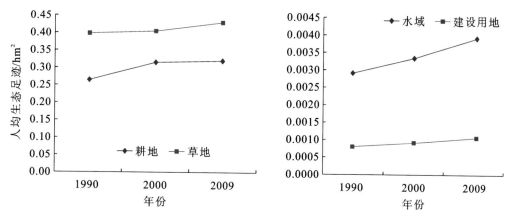

图 5-1　班戈县各类生物生产性土地生态足迹

班戈县人均生态承载力方面:各类用地的生态承载力都呈减小趋势,尤其是草地的生态承载力从 1990 年的 1.438 0 hm² 减少到 2009 年的 0.801 5 hm²。20 年间减少了 0.636 5 hm²;水域的人均生态承载力从 1990 年的 0.373 5 hm² 减少到 2009 年的 0.259 9 hm²,减少了 0.113 6 hm²。通过对比班戈县 1990 年、2000 年和 2009 年三年的生态足迹与生态承载力,可得出各年份生态赤字/盈余。1990 年班戈县人均生态需求为 0.671 2 hm²,2000 年班戈县人均生态需求为 0.770 2 hm²,2009 年班戈县人均生态需求为 0.866 0 hm²,生态足迹呈增加趋势。1990 年、2000 年和 2009 年人均生态承载力分别为 1.594 3 hm²、1.173 31 hm²、0.934 3 hm²,生态承载力呈降低趋势。1990～2000 年生态承载力降低了 0.421 1 hm²,2000～2009 年生态承载力降低了 0.239 0 hm²,后十年降低的幅度比前十年小(图 5-2)。这三个年份的生态足迹需求与供给之比分别为 0.421 0、0.656 5、0.926 9,由此可见供需矛盾日益尖锐。

这三个年份中,1990 年生态盈余为 0.923 1 hm²,2000 年生态盈余达 0.403 1 hm²,2009 年生态盈余为 0.068 3 hm²。

随着人口的增加、生活水平的提高,对粮食、畜产品的需求也不断增加,使得人均生态足迹不断加大。另外,随着草地不断退化、草地的面积和质量不断下降,草地的人均生态承载力不断下降,生态盈余不断缩小。说明人类对草地的需求越来越大。

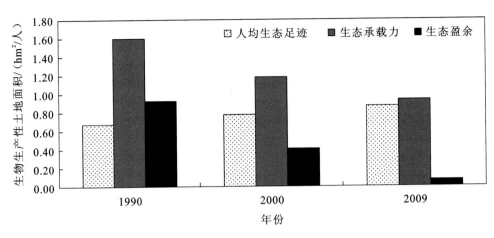

图 5-2　班戈县人均生态足迹、生态承载力、生态盈余

5.4.2　生态安全评价

根据 WWF 2004 中提供的 2001 年全球 147 个国家或地区的生态足迹和生态承载力数据,以及中国部分省、市、县的区域生态压力指数、区域生态占用指数和区域生态安全指数的研究结果,初步制定了生态安全等级划分标准(表 5-4)。

表 5-4　生态安全等级划分标准

等级	生态压力指数	生态安全状态
1	≤0.50	很安全
2	>0.50,≤0.80	较安全
3	>0.80,≤1.00	稍不安全
4	>1.00,≤1.50	较不安全
5	>1.50,≤2.00	很不安全
6	>2.00	极不安全

以生态足迹的计算结果为基础,按照生态压力指数计算公式,计算出生态压力指数,并将其作为生态安全评价的依据。

根据对班戈县 1990～2009 年可更新资源的生态足迹和生态承载力的动态研究,利用前面所述的评价指标及标准(表 5-4)对班戈县生态安全进行评价,结果见图 5-3。从图 5-3 中可以看出,1990～2009 年班戈县生态压力指数呈上升状态,1990 年生态压力指数为 0.42,生态处于很安全的状态(1 级),2000 年生态压力指数为 0.66,生态属于较安全的状态(2 级),2009 年生态压力指数为 0.93,生态属于稍不安全的状态(3 级)。可见近 20 年来班戈县的生态压力在不断增大,生态系统的承受能力与人类社会经济活动强度两者之间协调性愈来愈差,生态安全程度越来越差。

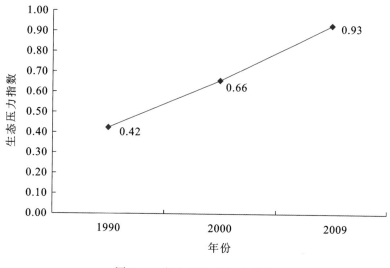

图 5-3 班戈县生态压力指数

5.5 基于 3S 技术和改进生态足迹模型的生态安全评价

5.5.1 生态足迹模型改进的基市思路

由 Rees 和 Wackergenal 提出的生态足迹模型,将人类消费的资源、能源和排放的废弃物,通过产量因子换算成可以累加的生物生产性土地面积,再与区域现存的通过产量因子、均衡因子换算后生物生产性土地面积直接比较来衡量人类社会的可持续发展状况。由于生态足迹计算方法简单、数据收集容易、计算结果直观、可比性强,已经成为测度可持续发展状态的一个重要方法。然而,和其他研究方法一样,生态足迹分析的基本理论仍然存在一些不足。例如,就某一特定区域来说,由于统计数据的不完全,在计算生态足迹时统计的消费量难以区分当地产量和进口产量,所以计算结果并不能准确地说明区域人口对自然资源的利用、对能源的消耗以及排放的废弃物等行为对生态环境的压力是作用在当地,还是通过资源、能源的进口转移到别的地方去了,显然以此来判断区域生态系统的可持续状态有失偏颇。一个地区的生态赤字可能因为进口生态资源而完全消除了,甚至出现生态盈余,区域处于可持续发展状态,其生态系统受到很好的保护;相反,一个具有生态盈余的地区有可能因为出口其过剩的生态资源,使当地生态系统遭到严重破坏,甚至出现生态赤字。由于没有考虑区域的消费水平,在用生态足迹评价区域可持续发展时,会出现国家或地区经济越不发达、人们生活水平越低,生态盈余越多,可持续性越强的现象。徐中民等对中国西部 12 个省(自治区、直辖市)的生态足迹分析结果就表明经济不发达的云南和西藏因为消费水平低,出现生态盈余,发展的可持续性较强,这显然与可持续发展理论的宗旨不相符。事实上,贫困落后地区,以牺牲生态环境为代价来换取经济增长的现象频繁出现。因此,不能认为因为消费水平低造成的生态足迹较小的贫困地区的发展是可持续的。

班戈县正是由于经济发展水平低、生态环境脆弱,面临着贫困和严重生态压力的双层困境。根据刘淑珍、边多等的研究发现班戈县草地退化严重,班戈县存在严重超载放牧现象,这些研究成果表明班戈县处于不可持续发展状态,传统模型研究结果显然与实际情况不相符。为此,不能照搬生态足迹理论,必须对生态足迹理论加以改进,才能满足对班戈县的可持续发展能力及生态安全状况的评价。

生产性生态足迹是 Wackernagel 等提出的一个新概念,是指根据一个区域每年从生态系统中实际取得的生物产量折算成相应生物生产性土地面积,再与当地实际的生物生产性土地面积比较,当生产性生态足迹大于当地生态承载力时为生态赤字,反之则为生态盈余。本书的研究结合班戈县纯牧业县的特点,建立了草地生产性生态足迹模型。模型以草地生产性生态足迹代替消费性生态足迹,即以草地生物资源产出量为核算基础数据,代替传统模型中的生物资源消费数据,克服了因区域农作物进出口量数据的不健全而导致计算当地消费量时产生较大误差的弊端,更加客观、真实地反映对当地生态环境带来的压力,充分体现了研究区域草地资源环境系统的生态压力承受程度。

5.5.2　草地生产性生态足迹模型的建立

与消费性生态足迹的计算理论基本相同,生物生产性生态足迹的计算只是用区域生产量代替区域消费量。这样的计算结果更加客观、真实地反映了区域社会经济活动对生态环境带来的压力,克服了消费性生态足迹因为进出口量数据的不健全而导致结果产生较大误差的弊端。

1. 草地生物资源项目的划分

草地生产性生态足迹核算只涉及草地生物资源,因此,本书在核算班戈县草地生态足迹时,选取主要的草地生物资源项目,包括牛肉、羊肉、奶类、羊毛、羊皮、牛皮,共计 6 项。

2. 草地生物资源项目计算数据的确定

本书计算草地生态足迹,生物资源核算数据只包括草地生态系统为人类提供的生物量,不需要考虑因进出口贸易当中交易的生物量。

3. 标准化单位的确定

在生态足迹计算中,为进行国际比较,引入了"全球公顷"和"全球产量"作为标准化公顷度量单位,使用了"均衡因子"和"产量因子"作为转换系数,在不同国家之间进行可持续发展程度的比较。但由于不同地区之间存在着自然生态环境、生产技术和管理水平的差异,在计算具体国家(地区)内部的生态足迹时采用世界平均生产力会使结果存在很大误差。因此,生态足迹应结合区域实际情况,利用区域平均产量研究小尺度(如省、市、县、乡)的生态足迹。考虑到数据收集的难易程度,本书以我国畜产品的平均产量代替全球产量来计算班戈县牧产品的生态足迹。

4. 均衡因子的取值

均衡因子是为了使不同类型的生物生产性土地转化为在生物生产力上等价的系数。本书只涉及一种土地利用类型——草地,在生态足迹与生态承载力的计算中,不需要不同类型的生物生产性土地的转化。因此,无须进行均衡化处理,计算模型中也不需要使用均衡因子,或者均衡因子取值为1。

5.5.3　计算过程的改进

1. 草地生产性生态足迹的计算

$$e_f = \mathrm{NPP}_i \times E_F = \mathrm{NPP}_i \times \sum_{i=1}^{n} (P_i / \mathrm{EP}_i) \tag{5-10}$$

式中:e_f 为单位面积草地生产性生态足迹;P_i 为第 i 项草地生物生产产品的年产量;EP_i 为第 i 项草地生物产品的当地年平均生产力;NPP_i (net primary productivity)为第 i 项草地的平均净初级生产力。根据刘某承等(2010)计算的西藏牧草地平均 NPP 为 137.13 gC/(m² · a),计算得到班戈县产量因子为 0.73。

2. 草地生态承载力的计算

$$e_c = \mathrm{NPP} \times y_i \tag{5-11}$$

式中:e_c 为单位面积草地生态承载力;NPP 为草地净初级生产力,根据遥感模型法得来;y_i 为产量因子。

3. 草地生产性生态赤字/生态盈余计算

$$e_d = \frac{E_D}{N} = \frac{E_F - E_C}{N} \tag{5-12}$$

或

$$e_r = \frac{E_R}{N} = \frac{E_C - E_F}{N} \tag{5-13}$$

式中:e_d 为单位面积草地生态赤字;e_r 为单位面积草地生态盈余。

5.5.4　基于改进模型的计算结果

1. 草地生态足迹的空间计算

本书利用改进的生态足迹模型计算的班戈县三个年份的生态足迹,得到的生态足迹是以每个乡镇每平方米的年均 NPP 来反映的(图 5-4～图 5-6)。从计算结果来看,1990 年的生态足迹普遍较低。门当乡的生态足迹最高,为 36.01 gC/(m² · a),德庆镇的生态足迹为28.07 gC/(m² · a),北拉镇的生态足迹为 29.603 gC/(m² · a),青龙乡的生态

足迹为28.26 gC/(m² · a),新吉乡的生态足迹为 24.18 gC/(m² · a),普保镇的生态足迹
为20.12 gC/(m² · a),其余均低于 20 gC/(m² · a)。

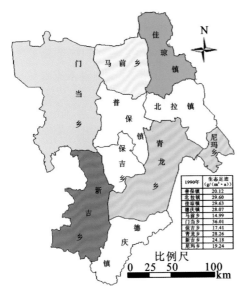

图 5-4　1990 年班戈县草地生态足迹

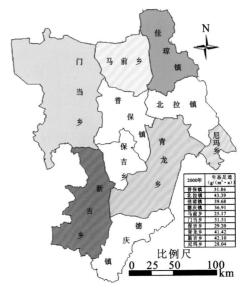

图 5-5　2000 年班戈县草地生态足迹

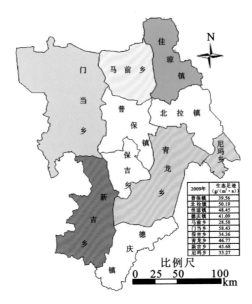

图 5-6　2009 年班戈县草地生态足迹

2000 年的生态足迹明显高于 1990 年的生态足迹,门当乡的生态足迹最高,为
51.51 gC/(m² · a),德庆镇的生态足迹为 36.91 gC/(m² · a),北拉镇的生态足迹为
43.39 gC/(m² · a),佳琼镇的生态足迹为 39.68 gC/(m² · a),青龙乡的生态足迹为

41.42 gC/(m² · a),新吉乡的生态足迹为 42.10 gC/(m² · a),普保镇的生态足迹为 31.86 gC/(m² · a),马前乡的生态足迹为 25.17 gC/(m² · a),宝吉乡的生态足迹为 29.20 gC/(m² · a),尼玛乡的生态足迹为 28.04 gC/(m² · a)。和 1990 年相比,2000 年的生态足迹普遍增加。新吉乡的生态足迹增加了 17.92 gC/(m² · a),增加率为 72.04%,普保镇的生态足迹增加了 11.74 gC/(m² · a),增加率为 58.35%,北拉镇的生态足迹增加了 13.79 gC/(m² · a),增加率为 46.58%,佳琼镇的生态足迹增加了 10.05 gC/(m² · a),增加率为 33.90%,德庆镇的生态足迹增加了 8.84 gC/(m² · a),增加率为 31.48%,马前乡的生态足迹增加了 15.50 gC/(m² · a),增加率为 43.06%,宝吉乡的生态足迹增加了 11.80 gC/(m² · a),增加率为 67.78%,青龙乡的生态足迹增加了 13.16 gC/(m² · a),增加率为 46.56%,新吉乡的生态足迹增加了 17.92 gC/(m² · a),增加率为 74.12%,尼玛乡的生态足迹增加了 8.80 gC/(m² · a),增加率为 45.71%。

2009 年的生态足迹普遍高于 2000 年的生态足迹。普保镇的生态足迹为 39.56 gC/(m² · a),增加了 7.70 gC/(m² · a),增加率为 24.17%;北拉镇的生态足迹为 50.19 gC/(m² · a),增加了 6.80 gC/(m² · a),增加率为 15.66%;佳琼镇的生态足迹为 48.45 gC/(m² · a),增加了 8.77 gC/(m² · a),增加率为 22.10%;德庆镇的生态足迹为 39.09 gC/(m² · a),增加了 2.18 gC/(m² · a),增加率为 5.90%;马前乡的生态足迹为 29.58 gC/(m² · a),增加了 4.41 gC/(m² · a),增加率为 17.54%;门当乡的生态足迹为 58.43 gC/(m² · a),增加了 6.92 gC/(m² · a),增加率为 13.43%;保吉乡的生态足迹为 34.36 gC/(m² · a),增加了 5.16 gC/(m² · a),增加率为 17.65%;青龙乡的生态足迹为 46.77 gC/(m² · a),增加了 5.35 gC/(m² · a),增加率为 12.93%;新吉乡的生态足迹为 45.68 gC/(m² · a),增加了 3.59 gC/(m² · a),增加率为 8.52%;尼玛乡的生态足迹为 33.27 gC/(m² · a),增加了 5.23 gC/(m² · a),增加率为 18.66%。

2. 基于 3S 技术的生态承载力的空间计算与分析

在本书中,生态承载力的空间计算是通过对草地净初级生产力的空间计算得到的。净初级生产力 NPP 是指在单位面积、单位时间内绿色植物在太阳能光合作用下所累积的有机物数量,直接反映植物群落在自然环境条件下的生产能力,用 NPP 来反映生态承载力能够更真实地反映草地的生产能力。

1) 班戈县草地净初级生产力(NPP)的遥感模型

本研究采用由 Potter(1993)和 Field(1995)提出的 CASA(carnegie ames stanford approach)过程模型计算班戈县草地净初级生产力(NPP)。CASA 模型计算公式为

$$NPP(x,t) = APAR(x,t) \times \xi(x,t) \tag{5-14}$$

式中:$APAR(x,t)$ 表示在空间位置 x 上草地在 t 时间内吸收的光合有效辐射;$\xi(x,t)$ 表示在空间位置 x 上的草地在 t 时间内的光能利用效率;x 表示空间位置;t 表示时间。

光合有效辐射是指绿色植物在光合作用时吸收的太阳辐射中使叶绿素分子呈激发状态的那部分光谱的能量,植被所吸收的光合有效辐射取决于太阳总辐射和植被对光合有

效辐射的吸收比例,用公式表示为

$$\mathrm{APAR}(x,t)=Q(x,t)\times\mathrm{FPAR}(x,t)\times0.47 \tag{5-15}$$

式中:$Q(x,t)$ 是在空间位置 x 处 t 月的太阳总辐射量,$\mathrm{MJ/m^2}$;$\mathrm{FPAR}(x,t)$ 是在空间位置 x 处 t 月草地吸收太阳有效辐射的比例;常数 0.47 表示草地所能吸收的太阳有效辐射占太阳总辐射的比例(Prince et al.,1995)。$Q(x,t)$ 由最大晴天总辐射量和日照百分率计算(称德瑜等,1994):

$$Q(x,t)=Q_{\mathrm{o}}(x,t)\times[0.248+0.752\times S(x,t)] \tag{5-16}$$

式中:$Q_{\mathrm{o}}(x,t)$ 为 t 月像元 x 处最大晴天总辐射量,用 ArcGIS Version9.2 软件的 Solar Radiation 工具直接估算;$S(x,t)$ 为 t 月像元 x 处日照百分率,由台站数据进行插值得到。

$\mathrm{FPAR}(x,t)$ 通过比值植被指数 $\mathrm{SR}(x,t)$ 求算(Sellers et al.,1994):

$$\mathrm{FPAR}(x,t)=\min\left\{\frac{\mathrm{SR}(x,t)-\mathrm{SR_{min}}}{\mathrm{SR_{max}}-\mathrm{SR_{min}}},0.95\right\} \tag{5-17}$$

式中:根据经验 $\mathrm{SR_{min}}$ 取值为 1.08;$\mathrm{SR_{max}}$ 取值为 4.14~6.17;$\mathrm{SR}(x,t)$ 则由与归一化植被指数 NDVI 的关系求算,即

$$\mathrm{SR}(x,t)=\left\{\frac{1+\mathrm{NDVI}(x,t)}{1-\mathrm{NDVI}(x,t)}\right\} \tag{5-18}$$

NDVI 数据来源:1990 年 5~9 月逐旬 AVHRR-NDVI 数据(空间分辨率为 8 km× 8 km)、2000 年、2009 年 5~9 月 MODIS-NDVI 数据(空间分辨率 0.25 km×0.25 km)等不同时空分辨率的 NDVI 数据。

本书 $\xi(x,t)$ 采用 Running 等对草地的模拟结果 0.608g/MJ 作为草地的最大光能利用率。通过 ERDAS 和 ArcGIS 软件分别合成三个年份的 NPP 数据。

2) 生态承载力空间计算结果

应用上述方法计算得到班戈县三个年份的生态承载力,见图 5-7~图 5-9。从 1990 年的生态承载力图像可以看出,西部的生态承载力高于东部的生态承载力,其中门当乡西北部、北拉镇中西部,生态承载力为 15~30 $\mathrm{gC/(m^2 \cdot a)}$,新吉乡东南部、宝吉乡中部、生态承载力为 25~35 $\mathrm{g/(m^2 \cdot a)}$,新吉乡东部、马前乡中部、普宝镇北部生态承载力为 30~40 $\mathrm{g/(m^2 \cdot a)}$,门当乡南部、尼玛乡西部生态承载力为 35~50 $\mathrm{g/(m^2 \cdot a)}$。由 2000 年的生态承载力图像可以看出,南部的生态承载力高于北部,其中马前乡北部、佳琼镇北部生态承载力为 10~20 $\mathrm{gC/(m^2 \cdot a)}$,门当乡南部、北拉镇中部、普保镇北部、青龙乡北部、尼玛乡大部分区域生态承载力为 30~40 $\mathrm{gC/(m^2 \cdot a)}$,德庆镇东南部、东北部生态承载力为 40~52 $\mathrm{gC/(m^2 \cdot a)}$。

2009 年的生态承载力可以看出,门当乡西北部、青龙乡北部、保吉乡东北部、普宝镇东南部生态承载力为 15~25 $\mathrm{gC/(m^2 \cdot a)}$,马前乡、新吉乡东南部、尼玛乡大部分、普保镇中部生态承载力为 25~35 $\mathrm{gC/(m^2 \cdot a)}$,新吉乡北部、东南部生态承载力为 35~40 $\mathrm{gC/(m^2 \cdot a)}$,尼玛乡中部、西南部、佳琼镇东南部生态承载力为 40~52 $\mathrm{gC/(m^2 \cdot a)}$。

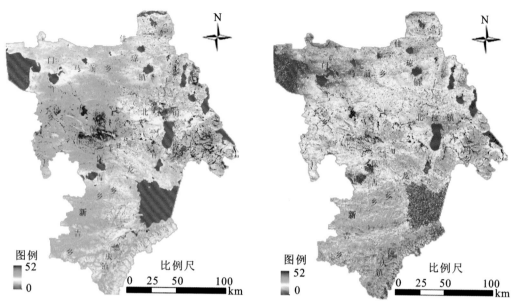

图 5-7　1990 年班戈县草地生态承载力　　　　图 5-8　2000 年班戈县草地生态承载力

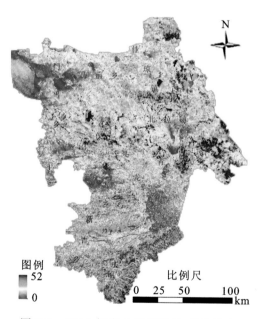

图 5-9　2009 年班戈县草地生态承载力

从三幅生态承载力图上可以看出：在三个年份中，1990 年的生态承载力是最高的，2000 年的生态承载力是最低的，2009 年的生态承载力在 2000 年的基础上有所提高，这与 2000 年后班戈县积极采取保护草地的措施有关。从 2000 年的生态承载力图上可以看出，新吉乡、德庆镇的生态承载力比 1990 年提高了，其余区域生态承载力在 1990 年的基础上降低了。在 2009 年的生态承载力图上可以看出，马前乡、佳琼镇、北拉乡、尼玛乡、普保镇的生态承载力在 2000 年的基础上明显提高；门当乡南部、保吉乡东部生态承载力降低了。

3. 生态盈余/生态赤字的空间计算与分析

根据前面的公式，将三个年份的生态承载力栅格数据与对应年份生态足迹的栅格数据相减，则得到对应年份单位面积的生态盈余/生态赤字情况。与传统的生态盈余/生态赤字所不同的是，传统的生态赤字反映人均状况，其值受对应地区生态足迹与生态承载力的差值影响，空间生态盈余/生态赤字则反映单位面积上的生态盈余/生态赤字状况，其值与对应区域人口密度、生态足迹与生态承载力的差值有关。空间生态盈余/生态赤字计算结果如图 5-10～图 5-12 所示。

由 1990 年的生态盈余/生态赤字图像可以看出，生态盈余最大的区域表现在马前乡大部分区域、尼玛乡西南部，生态盈余的值为 32.00～38.81 gC/(m² · a)，普保镇南部、德庆镇东部生态盈余的值为 25.00～32.00 gC/(m² · a)，宝吉乡北部生态盈余的值为 17.00～25.00 gC/(m² · a)，佳琼镇大部分区域、新吉乡大部分区域生态盈余的值为 2.00～17.00 gC/(m² · a)，门当乡南部生态赤字的值为 −12.00～5.00 gC/(m² · a)，门当乡北部生态赤字的值为 −35.19～12.00 gC/(m² · a)。

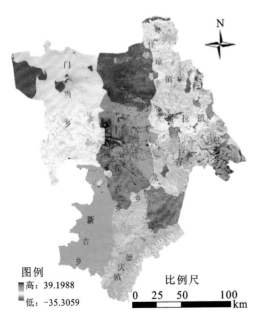

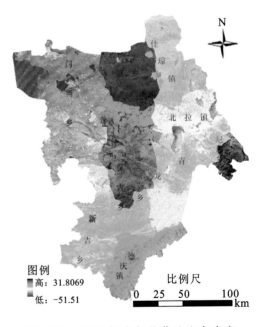

图 5-10　1990 年班戈县草地生态赤字　　　　　图 5-11　2000 年班戈县草地生态赤字

图 5-12　2009 年班戈县草地生态赤字

2000 年生态盈余最大的区域在马前乡、尼玛乡东南部,其值为 24.00～31.80 gC/(m² · a),普保镇大部分区域、保吉乡北部生态盈余值为 5.00～10.00 gC/(m² · a),德庆镇东北部、东南部,生态赤字为 −2.00～5.00 gC/(m² · a),佳琼镇大部分区域,新吉乡、青龙乡西南部生态赤字的值为 −2.00～10.00 gC/(m² · a),北拉镇中部、新吉乡西部生态赤字的值为 −18.00～25.00 gC/(m² · a),门当乡南部生态赤字的值为 −35.00～40.00 gC/(m² · a),门当乡北部生态赤字的值为 −40.00～51.20 gC/(m² · a)。

2009 年马前乡大部分区域、尼玛乡西南部,生态盈余的值为 32.00～38.81 gC/(m² · a),普保镇南部、德庆镇东部生态盈余的值为 25.00～32.00 gC/(m² · a),宝吉乡北部生态盈余的值为 17.00～25.00 gC/(m² · a),佳琼镇大部分区域、新吉乡大部分区域生态盈余的值为 2.00～17.00 gC/(m² · a),门当乡南部生态赤字的值为 −12.00～5.00 gC/(m² · a),门当乡北部生态赤字的值为 −19.00～ −129.00 gC/(m² · a)。北拉镇中部生态赤字的值为 −10.00～20.00 gC/(m² · a)。

4. 生态压力指数空间计算与分析

根据前面生态压力指数计算公式,将三个年份的生态足迹栅格数据与对应年份生态承载力的栅格数据相除,则得到对应年份单位面积的生态压力指数值。班戈县三个年份的生态压力指数空间计算如图 5-13～图 5-15 所示。

从 1990 年的生态赤字图像可以看出,马前乡、尼玛乡东南部的生态压力指数为 0.20～0.30,宝吉乡南部的生态压力指数为 0.40～0.50,普保镇和德庆镇大部分区域的生态压力指数为 0.50～0.60,新吉乡、青龙乡西南部的生态压力指数为 0.60～0.75,青龙乡东部、北拉镇、佳琼镇的生态压力指数为 0.75～1.20,门当乡的生态压力指数为 1.20～1.52。

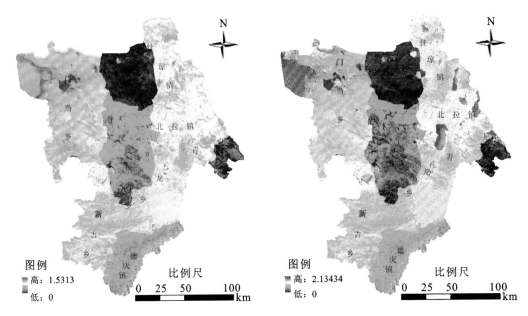

图 5-13 1990 年班戈县草地生态压力指数   图 5-14 2000 年班戈县草地生态压力指数

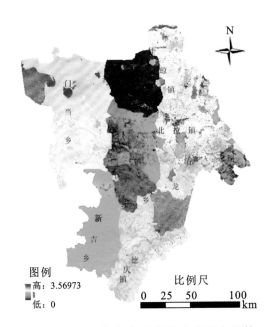

图 5-15 2009 年班戈县草地生态压力指数

2000 年马前乡、尼玛乡东南部的生态压力指数为 0.00～0.40,普保镇南部、宝吉乡大部分区域的生态压力指数为 0.40～0.65,德庆镇大部分区域的生态压力指数为 0.65～0.85,新吉乡、青龙乡、尼玛乡西部、佳琼镇大部分区域的生态压力指数为 0.85～1.50,北拉镇大部分区域的生态压力指数为 1.50～1.70,门当乡的生态压力指数为 1.70～2.13。

2009 年马前乡的生态压力指数为 0.00～0.70,普保镇西部、宝吉乡南部、尼玛乡东南部的生态压力指数为 0.70~1.00,普宝镇东部的生态压力指数为 1.00~1.50,新吉乡的生态压力指数为 1.50~1.80,德庆镇、青龙乡南部的生态压力指数为 1.80~2.00,青龙乡、北拉镇、佳琼镇大部分区域的生态压力指数为 2.00~2.85,门当乡的生态压力指数为 2.85~3.57。

5.6　生态安全空间分析

因为生态压力指数是对应区域的生态需求与生态承载力的比值,所得生态压力指数与传统方法所得的压力指数意义相同,所以表 5-4 所用的生态安全评价标准在本章仍然适用。根据表 5-4 生态安全等级划分标准,班戈县三个年份的生态安全等级空间表现如图 5-16~图 5-18 所示。

在 ArcGIS 软件中统计得到各时期草地生态安全评价分级面积(表 5-5)。

从 1990 年的生态安全评价图可以看出,1990 年班戈县的马前乡属于很安全等级,保吉乡、德庆镇、尼玛乡西部属于稍不安全等级,北拉镇、佳琼镇属较不安全等级,门当乡属很不安全等级。1990 年班戈县生态安全等级处于 1 级(很安全)的面积为 52.96×10^4 hm²,占 22.36%;生态安全等级处于 2 级(较安全)的面积为 82.76×10^4 hm²,占 34.94%;生态安全等级处于 3 级(稍不安全)的面积为 66.89×10^4 hm²,占 28.24%;生态安全等级处于 4 级(较不安全)的面积为 28.46×10^4 hm²,占 12.02%,生态安全等级处于 5 级(很不安全)的面积为 5.78×10^4 hm²,占 2.44%。

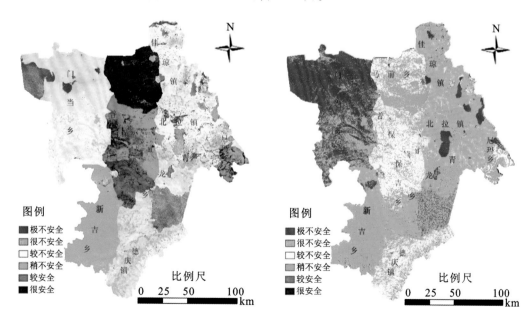

图 5-16　1990 年班戈县草地安全等级　　　　图 5-17　2000 年班戈县草地生态安全等级

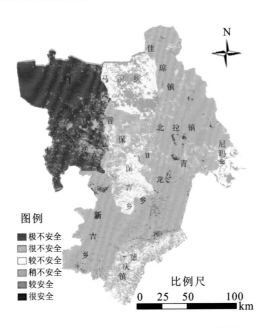

图 5-18   2009 年班戈县草地生态安全等级

表 5-5   班戈县 1990～2009 年生态安全评价统计表

等级	1990 年		2000 年		2009 年	
	面积 /×10⁴ hm²	所占比例 /%	面积 /×10⁴ hm²	所占比例 /%	面积 /×10⁴ hm²	所占比例 /%
1	52.96	22.36	6.01	2.57	0.00	0.00
2	82.76	34.94	10.16	4.34	3.28	1.47
3	66.89	28.24	35.43	15.15	13.53	6.08
4	28.46	12.02	63.61	27.20	32.27	14.51
5	5.78	2.44	92.66	39.62	122.31	54.99
6	0.00	0.00	26.01	11.12	51.03	22.94

2000 年班戈县马前乡、尼玛乡东南部属于稍不安全等级,普保镇、宝吉乡、德庆镇东南部和东北部属于较不安全等级,新吉乡、青龙乡、北拉镇、佳琼镇、门当乡南部属于很不安全等级,门当乡北部属于极不安全等级。2000 年班戈县生态安全等级处于 1 级(很安全)的面积为 $6.01×10^4$ hm²,占 2.57%;生态安全等级处于 2 级(较安全)的面积为 $10.16×10^4$ hm²,占 4.34%;生态安全等级处于 3 级(稍不安全)的面积为 $35.43×10^4$ hm²,占 15.15%;生态安全等级处于 4 级(较不安全)的面积为 $63.61×10^4$ hm²,占 27.20%;生态安全等级处于 5 级(很不安全)的面积为 $92.66×10^4$ hm²,占 39.62%;生态安全等级处于 6 级(极不安全)的面积为 $26.01×10^4$ hm²,占 11.12%。

2009 年班戈县大部分属于不安全区域。其中,马前乡、尼玛乡东南部属稍不安全区域,宝吉乡东部、德庆镇东北部和东南部属较不安全区域,新吉乡、青龙乡、北拉镇、佳琼镇、尼玛乡大部分区域属于很不安全区域,门当乡属于极不安全区域。从 2009 年班戈县的生态安全等级统计表中可以看出,生态安全等级处于 2 级(较安全)的面积为 3.28×10^4 hm²,占 1.47%;生态安全等级处于 3 级(稍不安全)的面积为 13.53×10^4 hm²,占 6.08%;生态安全等级处于 4 级(较不安全)的面积为 32.27×10^4 hm²,占 14.51%;生态安全等级处于 5 级(很不安全)的面积为 122.31×10^4 hm²,占 54.99%;生态安全等级处于 6 级(极不安全)的面积为 51.03×10^4 hm²,占 22.94%。

1990~2009 年班戈县生态安全等级处于 1 级的草地面积减少了 52.92×10^4 hm²。生态安全等级处于 2 级的草地面积由 82.76×10^4 hm² 下降到了 3.28×10^4 hm²,面积减少了 79.48×10^4 hm²,所占比例也由 34.94% 下降到了 1.47%,下降了 33.47 个百分点。生态安全等级处于 3 级的草地面积由 66.89×10^4 hm² 下降到了 13.53×10^4 hm²,减少了 53.36×10^4 hm²,所占比例由 28.24% 下降到了 6.08%,下降了 22.16 个百分点。生态安全等级处于 4 级的草地面积由 28.46×10^4 hm² 上升到了 32.27×10^4 hm²,增加了 3.81×10^4 hm²,所占比例由 12.02% 上升到了 14.51%,上升了 2.49 个百分点。生态安全等级处于 5 级草地的面积由 5.57×10^4 hm² 上升到了 122.31×10^4 hm²,增加了 116.53×10^4 hm²,所占比例由 2.44% 上升到了 54.99%,上升了 52.55 个百分点。生态安全等级处于 6 级的草地面积增加了 51.03×10^4 hm²。

从 1990~2009 年,生态安全等级较低,即生态安全性较高的面积在逐渐减少,生态安全等级较高即生态安全性较差的面积在逐渐增加,说明近 20 年来,班戈县的生态安全性越来越差。

1990~2000 年这个时间段,班戈县安全等级在增加,不安全草地面积不断增加。1990~2000 年班戈县生态等级处于 1 级草地的面积减少了 46.95×10^4 hm²,生态等级处于 2 级草地的面积减少了 72.60×10^4 hm²,生态等级处于 3 级草地的面积减少了 31.46×10^4 hm²,生态等级处于 4 级草地的面积增加了 35.15×10^4 hm²,生态等级处于 5 级草地的面积增加了 86.88×10^4 hm²,生态等级处于 6 级草地的面积增加了 26.01×10^4 hm²。

2000~2009 年班戈县生态等级处于 1 级草地的面积减少了 6.01×10^4 hm²,生态等级处于 2 级草地的面积减少了 6.88×10^4 hm²,生态等级处于 3 级草地的面积减少了 21.90×10^4 hm²,生态等级处于 4 级草地的面积减少了 31.34×10^4 hm²,生态等级处于 5 级草地的面积增加了 29.65×10^4 hm²,生态等级处于 6 级草地的面积增加了 25.02×10^4 hm²。后一阶段较前一阶段生态安全等级较低的草地面积减少的幅度更大,生态安全等级较高的草地面积增加的幅度更大,说明后 10 年来,班戈县的生态安全性比前 10 年下降的幅度更大,生态安全变差的速度越来越快。

5.7　改进生态足迹模型与传统模型的比较

两种模型评价班戈县生态安全结果都显示,班戈县近 20 年来的生态压力在不断增大,生态系统的承受能力与人类社会经济活动强度两者之间的协调性越来越差,生态安全程度越来越差。

传统模型从消费的角度来计算生态足迹。根据研究区域消费的所有生物资源和能源资源的消费量,得出基于全球平均产量的不同类型生物生产性土地面积,再用均衡因子进行标准化处理,把标准化处理后的各类土地面积相加,即为研究区的生态足迹。在计算生态承载力时,将研究区域的各类实际土地面积用均衡因子和产量因子进行标准化处理,得出具有统一标准全球公顷的面积。再把两者进行比较,得出区域生态安全状况。按照传统模型计算出的班戈县三个年份生态足迹都没有超过生态承载力,都存在生态盈余。这与由世界自然基金会和中国科学院等机构联合编写的报告《中国生态足迹报告 2012》称,2009 年,只有 6 个内地省份,包括西藏、青海、新疆、内蒙古、海南和云南,存在生态承载能力盈余的结果吻合。然而,根据班戈县多年的统计结果表明,班戈县草地退化面积大、牲畜超载率严重,因此,结合班戈县草地利用的实际情况,改进的生态足迹模型的计算结果更加合理,即目前班戈县在过度地消耗草地资源。班戈县作为纯牧业县,出产的产品非常单一,主要是畜产品,消费的其他产品基本靠进口,地区之间的产品进出口数据很难统计。

改进的生态足迹模型根据班戈县草地的生物生产量计算生物生产性面积,生态足迹通过生物生产性面积和产量因子折算成单位面积土地的生产力,通过遥感模型计算单位面积草地的实际承载能力,再把两者进行比较,以此来反映生态安全状况。

从计算过程看,两者的主要区别在于:

(1)考虑的角度不同。传统模型从消费的角度计算生态足迹。根据区域人口的消费量追溯生产这些产品和服务的生物生产性土地。改进模型从生产的角度计算生态足迹。根据生产的生物产品来追溯单位面积的土地生产力。

(2)生态足迹组分不同。传统模型生态足迹组分根据土地生产能力的不同分为 6 个类型:耕地、草地、林地、水域、化石燃料用地和建设用地。改进的模型只有一种生物生产性土地类型——草地。

(3)采用的标准化因子不同。传统模型采用全球产量计算生态足迹,无法确切地反映区域土地实际利用的情况。改进模型引入区域公顷研究班戈县的生态足迹,更符合实际情况,研究结果更准确。

(4)传统模型需要引入均衡因子,把几种不同类型的土地利用通过均衡因子汇总在一起,并采用"标准化"面积,即"全球公顷"来反映区域经济社会发展对生态环境的影响程度及其对自然环境的依赖程度。改进模型不需用均衡因子换算成全球公顷而以实际公顷表示,直接反映区域发展需要的实际生物生产性土地面积。

(5)生态承载力计算不同。传统模型计算生态承载力时,同一种土地利用类型使用相同的产量因子,没有考虑其质量差异。改进模型计算生态承载力时,利用遥感数据和CASE 模型,计算草地实际承载能力。

生产性生态足迹代替消费性生态足迹的测算结果可以更加直接、客观地反映社会经济发展对区域生态环境造成的压力,更客观地反映生态系统供给与需求的协调性。

从计算结果看,两者的主要区别在于:

（1）生态足迹的比较。传统生态足迹模型基于班戈县消耗的资源、能源、产生的废弃物，把生产这些资源、能源的土地分为耕地、草地、水域、建设用地、化石燃料用地、林地6类，通过均衡因子折算成生产这些资源、能源和吸收废弃物所需的生物生产性土地面积。通过计算，1990年班戈县人均生态需求为 0.671 2 hm^2，2000年班戈县人均生态需求为 0.770 2 hm^2，2009年班戈县人均生态需求为 0.866 0 hm^2，生态足迹呈增加趋势。改进的生态足迹模型从生产的角度出发，通过平均生产力把班戈县草地生产的产品折算成单位面积的土地生物生产力以代替传统模型中的人均土地需求。本研究利用改进的生态足迹模型计算班戈县三个年份的生态足迹，得到的生态足迹是以每个乡镇每平方米的年均净初级生产力来反映。结果表明三个年份的生态足迹也是逐渐增加的。

（2）生态承载力的比较。传统生态足迹模型计算生态承载力时，不同类型生物生产性土地面积乘以相应的产量因子和均衡因子，就得到研究区生态承载力。传统模型计算得到班戈县1990年、2000年和2009年人均生态承载力分别为1.594 3 hm^2、1.173 31 hm^2 和0.934 3 hm^2，生态承载力呈降低趋势。在改进模型中，生态承载力是通过对草地净初级生产力的空间计算得到的，用净初级生产力空间分布来反映。虽然不能用数字笼统表明区域在三个年份的生态承载力，但由三个年份生态承载力的分布图可以看出，三个年份的生态承载力是逐渐减小的。空间计算所得结果比传统模型计算的结果更为直观、更具有参考价值，它能够更好地反映 1990～2009 年这一时间段班戈县生态承载力的空间分布状况，这是统计数据所得的结果无法比拟的优越性。

（3）生态赤字/生态盈余结果比较。两者都是通过生态承载力与生态足迹之差来反映的。传统模型计算结果显示，班戈县 1990 年生态盈余为 0.923 1 hm^2，2000 年生态盈余达 0.403 1 hm^2，2009 年生态盈余为 0.068 3 hm^2，说明近 20 年来班戈县处于可持续发展状态，但生态盈余呈逐渐降低趋势。改进模型三个年份都存在生态赤字，且随着时间的增加，生态赤字的值越来越大，生态赤字的空间范围也在增加。根据刘淑珍、边多等的研究发现班戈县草地退化严重，鄢燕、刘淑珍、李文凤等的研究发现班戈县存在严重超载放牧现象，这些研究成果表明班戈县处于不可持续发展状态，传统模型研究结果显然与实际情况不相符合，改进模型更符合实际情况。

（4）生态压力指数。两者都是生态足迹与生态承载力的比值，传统模型得到班戈县1990 年的生态压力指数为 0.42，生态处于很安全的状态（1级）；2000 年生态压力指数为0.66，属于较安全的状态（2 级）；2009 年生态压力指数为 0.93，属于稍不安全的状态（3 级）。基于 GIS 技术计算生态压力指数的优势则在于它通过空间分布来展示生态压力指数，同时通过时间序列图来反映不同时期的变化情况，这是统计数据根本无法做到的。用净初级生产力来计算生态承载力时，某些区域的生态承载力的值可能为0，计算生态压力指数时生态承载力作为除数，生态承载力的值为 0 部分则没有办法计算，在计算结果中也没有办法表现出来，这是基于 GIS 技术的生态足迹方法在计算生态压力指数时的缺点。

（5）生态安全评价结果的比较。传统模型计算结果表明 1990 年生态处于很安全的状态（1级），2000 年属于较安全的状态（2 级），2009 年生态属于稍不安全水平的状态（3 级）。改进模型评价结果显示，1990 年班戈县基本处于安全状态，面积最多的两个等级是 2 级和 3 级。其中,生态安全等级处于 2 级(较安全)的面积为 82.76×10^4 hm²,占 34.94%;生态安全等级处于 3 级(稍不安全)的面积为 66.89×10^4 hm²,占 28.34%。2000 年班戈县生态安全面积最多的两个等级是处于 4 级和 5 级。其中,处于 4 级(较不安全)的面积为 63.61×10^4 hm²,占 27.20%;生态安全等级处于 5 级(很不安全)的面积为 92.66×10^4 hm²,占 39.62%。2009 年面积最多的两个等级分别是 5 级和 6 级。其中,生态安全等级处于 5 级(很不安全)的面积为 122.31×10^4 hm²,占 54.99%;生态安全等级处于 6 级(极不安全)的面积为 51.03×10^4 hm²,占 22.94%。

两种模型的评价结果都显示班戈县近 20 年来的生态压力在不断增大,生态系统的承受能力与人类社会经济活动强度两者之间的协调性越来越差,生态安全程度越来越差,生态经济系统处于十分危险的状态。改进模型结果显示的大部分区域生态安全等级比传统模型要高些,生态安全性更差,更符合实际情况,同时改进模型能够显示不同区域生态安全等级的空间差异。

参 考 文 献

陈东景,徐中民,程国栋,等,2001.中国西北地区的生态足迹.冰川冻土,23(2):73-78.

傅伯杰,2013.生态系统服务与生态安全.北京:高等教育出版社.

高阳,冯喆,王羊,等,2011.基于能值改进生态足迹模型的全国省区生态经济系统分析.北京大学学报:自然科学版,47(6):1089-1096.

高清竹,万运帆,李玉娥,等,2007.基于 CASA 模型的藏北地区草地植被净第一性生产力及其时空格局应用生态学报,18(11):2526-2532.

海全胜,阿拉腾图娅,宁小莉,等,2011.内蒙古正蓝旗草地的区域生态足迹分析.干旱区研究,28(3):532-536.

李坤刚,鞠美庭,李智,等,2008.生态足迹模型的修改及在天津地区的应用探讨.环境科学与技术,31(10):137-141.

李文杰,张时煌,2010.GIS 和遥感技术在生态安全评价与生物多样性保护中的应用.生态学报(23):6674-6681.

刘某承,李文华,谢高地,等,2010.基于净初级生产力的中国生态足迹产量因子测算.生态学杂志,29(3):592-597.

刘钦普,2008.江苏省耕地利用可持续性评价研究:生态足迹模型改进和应用.南京:河海大学出版社.

刘伟杰,2009.基于 GIS 和生态足迹方法的东北亚地区生态安全评价.长春:中国科学院东北地理与农业生态研究所:82-89.

任志远,黄青,李品,2007.陕西省生态安全及空间差异定量分析.地理学报,60(2):597-606.

王强,杨京平,2003.我国草地退化及其生态安全评价指标体系的探索.水土保持学报,17(6):27-31.

吴开亚,王玲杰,2007.基于全球公顷和国家公顷的生态足迹核算差异分析.中国人口:资源与环境,17(5):80-83.

徐晓锋,岳东霞,汤红官,2006.基于 GIS 的甘肃省生态承载力时空动态分析.兰州大学学报:自然科学版,42(5):62-67.

徐瑶,何政伟,陈涛,2008.四川省生态安全评价与预测模型研究.土壤通报,39(5):999-1001.

徐中民,张志强,程国栋,等,2003.中国 1999 年生态足迹计算与发展能力分析.应用生态学报,14(2):280-285.

杨齐,李建龙,赵万羽,2008.新疆阜康市草地生态赤字及成因分析.中国草地学报(3):8-13.

杨山,王玉婷,2011.基于生态足迹修正模型的江苏省海洋经济可持续发展分析.应用生态学报,22(3):748-754.

张恒义,刘卫东,林育欣,等,2013.基于改进生态足迹模型的浙江省域生态足迹分析.生态学报(5):2738-3748.

张镜锂,祁威,周才平,等,2013.青藏高原高寒草地净初级生产力(NPP)时空分异.地理学报,68(9):1197-1209.

张可云,傅帅雄,张文彬,2011.基于改进生态足迹模型的中国 31 个省级区域生态承载力实证研究.地理科学,31(9):1084-1089.

张学勤,陈成忠,林振山,等,2010.中国生态足迹的多尺度变化及驱动因素分析.资源科学,32(10):2006-2008.

赵先贵,韦良焕,马彩虹,等,2007.西安市生态足迹与生态安全的动态研究.干旱区资源与环境,12(1):1-5.

Chi G Q,Brian Stone Jr,2005. Sustainable Transport Planning:Estimating the ecological footprint of vehicle travel in future years. Journal of Urban Planning and Development(9):170-180.

Cuadra M,Björklund J,2007. Assessment of economic and ecological carrying capacity of agicultural crops in Nicaragua. Ecological indicators,7(1):133-149.

Del Grosso S,Parton W,Stohlgren T,et al,2008. Global potential net primary production predicted from vegetation class,precipitation,and temperature. Ecology,89(8):2117-2126.

Folk C,JassonA,Larsson J,et al,1997. Ecological appropriation by cities. Amblo,26(3):167-172.

McDonald G, Patterson D M,2010. Ecological footprints of New Zealand and its regions. http://www. mfe. govt. nz/publications/ser/eco-footprint-sep03/index. html[2010-04-10].

Hong X,Nguyen,Ryoiehiyamamoto,2007. Modification of ecological footprint evaluation method to include non-renewable resource consumption using thermodynamic approach. Resources Conservation & Recycling(2):870-884.

Somevi J,2009. The application of ecological footprint to SEA. IAIA09 Conference Proceedings. Impact Assessment and Human Well-Being 29th Annual Conference of the International Association for Impact Assessment. 16-22 May,Accra International Conference Center,Accra,Ghana(www. iaia. org).

Wackeragel M,Lewan L,Honsson C B,1999. Evaluating the use of national capital with the ecological footprint-Application in Sweden and subregions. AMBIO,289(7):604-612.

Wackernagel M, Rees W E, 1997. Perceptual and structural barriers to investing innatural capital:economies from an ecological footprint perspective. Ecological Economies(20):3-24.

Wang X D,Zhong X H,Gao P,2010. A GIS-based decision support system for regional eco-security assessment and its application on the Tibetan Plateau. Journal of Environmental Management(91):

1981-1990.

WWF，Global Footprint Network，KFBG. Asia Pacific 2005：the ecological footprint and natural wealth. http：//www. fotprintnetwork. org/gfn_sub. php? content＝books[2007-05-30].

York R，Rosa E A，Dietz T，2003. A rift in modernity ? Assessing the anthropogenic sources of global climate change with the STIRPAT model. International Journal of Sociology and Social Policy，23(10)：31-51.

Zhao M，Running S W，2010. Drought-induced reduction in global terrestrial net primary production from 2000 through 2009 Science，329(5994)：940.

第 6 章 生态安全预警

生态安全评价是对生态环境系统的过去或现在的安全状态优劣状况的评判；但生态安全状况是动态的、变化的，生态安全的现状或状态的变化有一个从量变到质变的过程。通过前述生态安全评价，可以确定生态安全的状态，但如何定量分析生态安全隐患因素灾变风险，预测生态安全变化趋势以及如何确定生态安全的调控措施等，尚需做进一步的生态安全预警(沈渭寿，2010)。生态安全预警是在分析生态安全影响因素基础上，探求生态安全变化规律，对区域生态安全状态出现的恶化情况进行预先警告或警报。生态安全状态的动态变化通常要由不同时期的生态安全评价来实现。区域生态安全评价是生态安全预警的基础。

草地生态安全预警是在草地生态环境质量下降和草地生态系统逆向演替、退化、恶化时及时报警，是一种对警情预先判断、预见的超前行为，具有对演化趋势、方向、速度、后果的警觉作用。

6.1 生态安全预警概述

生态安全预警是一个复杂的统计预测过程，需要结合预警理论和生态安全的评价系统建立预警方法和指标体系，再根据实际情况进行预警分析(高吉喜，2008)。所谓预警的"警"是指事物发展过程中出现的极不正常的情况，也就是可能导致风险的情况，亦称警情。所谓"预警"，就是度量某种状态偏离正常临界线的程度，根据其偏离程度判断是否需要做出提前预报或警示，是对危机或危险状态提前发出信息警报或警告。狭义的生态安全预警仅指对自然资源或生态安全出现质量下降或可能出现危机而建立的报警，而广义的预警则涵盖了生态安全的维护、防止危机发展的过程,从发现警情、分析警兆、寻找警源、判断警度以及采取正确的预警方法将警情排除的全过程(傅伯杰,1993)。生态安全预警需要对人类活动、资源开发过程中环境破坏造成生态系统逆向演替的后果做出正确判断,更要对生态环境可能出现的不正常现象寻找根源以便采取有效控制,甚至化解可能出现的危机。

6.1.1 预警内容

生态安全预警主要由预警分析、预控对策两部分组成。预警分析是对生态环境出现质量下降、生态系统出现逆化演替、退化,甚至恶化等现象进行识别、分析和诊断,并由此做出警告;预控对策是根据预警分析的结果,对生态环境演变过程中的不协调现象或可能发生的生态危机表现出的征兆进行早期控制与矫正(高吉喜,2008),总体的内容构成详见图 6-1,包括警情动态监测、警情分析、警兆辨识、警度预报、预测决策和采取相应的对策措施 6 个方面。

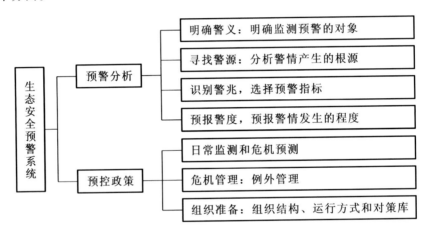

图 6-1　生态安全与预警系统

明确警义就是明确监测预警的对象。警义就是指警的含义。预警的警包括警素和警度,即构成警情的指标和警情的程度。在该阶段明确研究对象,即需要判断什么是警义,是否发生危险出现警情。分析预警对象包含哪些方面,是开展预警研究的基础。有了警素与警度,便可以对生态安全形势的发展趋势进行警情监测,为生态安全预警提供参照。

寻找警源,就是分析警情产生的根源。在该阶段,需要运用模型寻找导致警情产生的原因。分析警兆,就是分析警素发生异常变化导致警情发生的先兆。在警源的作用下,当警素发生变化导致警情爆发之前,总有一些预兆或先兆。预警的目的就是在警情爆发前,分析警兆、控制警源、拟定排警对策。在该阶段,需要运用模型来进一步分析警源与警情之间的各种关系,包括因果关系或逻辑关系或时间先后顺序关系,找出警兆与警素的不同警限相对应的警兆区间,然后借助警兆的警区进行警情的警度预报。

预报警度即预报警情发生的程度。警度的确定,一般是根据警兆指标的数据大小,找出与警素的警限相对应的警限区域,警兆指标值落在某个警限区域,则确定为相应级别的警度。警度一般划分为 5 个等级,即无警、轻警、中警、重警、巨警。

　　日常监控是对预警分析活动中所确立的警情指标和警兆指标进行特别监视与控制的管理活动。预警活动所确立的现象往往对生态安全有重大影响作用,因此要进行及时跟踪监测。同时,由于生态现象是变化发展的,事态严重时可能产生很难迅速控制的局势,所以在日常监控过程中要预测事故未来发展的严重程度及可能出现的危机结果,以防患于未然。因此,日常监控活动有两个主要任务:一是日常对策,即对事故征兆(现象)进行纠正活动,防止该现象的扩展蔓延,逐渐使其恢复到正确状态;二是事故危机模拟,即在日常对策活动中发现有难以控制的事故征兆(现象)后对需要使系统陷入生态危机的事故状态进行假设与模拟活动,并提出相应的对策方案。它是一种“例外”性质的管理,是在正常的管理行为已无法控制局势时,以特别的危机计划、危机领导机构和应急措施进行的一种特别管理方式。一旦系统恢复正常可控状态,它的任务便告完成,由日常监控履行预控对策。

　　组织准备,是指为开展预警管理的组织保障活动,它包括对整个预警机制的运行制定并实施的制度、标准、规章,以及为突发危机状态下的管理提供各种对策(即对策库)。目的在于为预控对策活动提供有保障的组织体系。

6.1.2　预警的警报准则

　　预警准则是指一套判别标准或原则,用来决定在不同情况下是否应当发出警报以及发出何种程度的警报。警报准则的设计关键是尺度的把握,如果准则设计过松会发生对已经存在的风险没有发出正确警报的漏报情况;相反,如果预警准则设计过紧,会发生正常情况也发出了警报的误报情况。不同的预警方法有不同的预警形式。预警警报准则的设计可以采用多种形式,从大类上来分,主要有以下几种。

1. 指标预警

　　指标预警是指根据预警指标的数值大小来发出不同程度的警报。假设要进行警报的指标为 x,设它的安全区域为 $[x_a, x_b]$,其初等危险区域为 $[x_c, x_a]$ 和 $[x_b, x_d]$,其高等危险区域为 $[x_e, x_c]$ 和 $[x_d, x_f]$。其基本预警准则如图 6-2 所示。

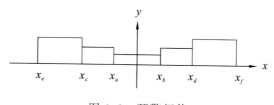

图 6-2　预警阈值

　　当 $x_a \leqslant x \leqslant x_b$ 时,不发出警报;

　　当 $x_c \leqslant x < x_a$ 或 $x_b < x \leqslant x_d$ 时,发出轻度警报;

当 $x_e \leqslant x < x_c$ 或 $x_d < x \leqslant x_f$ 时,发出二级警报;

当 $x < x_e$ 或 $x > x_f$ 时,发出三级警报。

在实际操作中指标值会出现偶然性波动或一次性波动的情况,因此操作中不能完全按照上述准则来发出警报。对出现不稳定波动的情况,如当某一指标突然发生较大变化时,可以留一定的观察期来看看其变化。若指标在某一时刻落入危险区,但很快又恢复正常,且可以在安全区稳定较长一段时间,则应当推测该因素有偶然变化的可能。如果某一指标突然跃入危险区,并在危险区保留一段时间,则可推定有某一因素发生较大变化且对系统构成持久的不利影响。如果某一指标突然跃入危险区并继续向高等危险区迁移,则说明区域生态系统面临了相当危险的情况,应当立即发出警报并采取措施制止事态的进一步恶化。对于每一个预警指标,可以建立移动离差系数来考察风险因素的不确定性或者波动程度。

设当前时刻为 t,移动窗口为 T,则预警指标的移动离差系数为

$$M_i = \sqrt{\sum_{i=1}^{T} (x_{t+1-i} - e_i)^2 / T} \qquad (6-1)$$

对于每一个预警指标,可以建立移动离差系数来考察风险因素的不确定性或波动程度。

2. 因素预警

当某些因素没法采用定量指标进行预警时,可以采用因素预警。因素预警是针对不可计量的致错因素进行的定性预警。因素预警有两种形式:风险因素 X 出现时,发出警报;风险因素 X 未出现,不发出警报。

这是一种“非此即彼”的警报方式,当预警指标 X 属于不确定的随机因素时,需要用概率的形式进行预报。设 $P(X)$ 为随机因素的概率,其预警形式如下:

(1) 当 $0 \leqslant p_x < p_b$ 时,不发出警报;

(2) 当 $p_b \leqslant p_x < p_e$ 时,发出初等警报;

(3) 当 $p_x \geqslant p_e$ 时,发出高等警报。

3. 综合预警

把指标预警方法与因素预警方法结合起来,并把诸多因素综合进行考虑,可以得到一种综合警报模式。

6.1.3　预警方法

预警方法依据其机制可以分为黑色、黄色、红色、绿色和白色 5 种。黑色预警方法,即根据警素的时间序列波动规律进行直接预警,不引入警兆等自变量,根据确定的代表性指标的警戒线与指标现状、过去与未来趋势进行对比,并对现状和未来警情评价,从而获得对策。黄色预警方法,即依据警兆的警级预报警素的警度,是一种由内因或外因到结果的分析,也称灰色分析。红色预警方法,即依据警兆以及影响警素的各种有利和不利因素进

行分析,再结合不同时期的警情对比研究,最后结合预测者的直觉、经验及其他有关专家学者的估计进行预警估计。绿色预警方法,即依警素的发展态势预警。白色预警方法,即在基本掌握警因的条件下用计量技术进行预测。

以上 5 种预警方法,绿色方法主要借助于遥感技术,白色方法目前还处于探索阶段。在实际应用中,主要是运用黑色、黄色和红色的预警方法,尤以黄色预警方法居多,是目前最常用的预警分析方法,操作起来具体可分为指数预警、统计预警和模型预警三种(刘友兆等,2003)。

但以上常用的预警方法常采用直线外推、指数平滑、回归分析、移动平均等线性模型来进行预警;而区域生态安全系统是一个非线性、复杂、开放的系统,线性的分析方法并不适用于区域生态安全预警。

6.2　灰色预测模型

本书采用改进的生态足迹模型,并结合灰色预测模型中的 GM(1,1)模型对生态安全评价指标体系中的指标值进行预测研究。生态安全预警的各指标的预测是一个时间序列预测问题。灰色预测方法在时间序列预测中是一种非常有效的方法。GM(1,1)模型由于预测流程明晰,操作性较强,在预测领域应用十分广泛,尤其对研究"小样本""贫信息"不确定性问题有着独特的优势,是最常用的一种灰色预测模型。

6.2.1　GM(1,1)模型的基本原理

建立 GM 模型,实际就是将原始数列经过累加生成后,建立具有微分、差分近似指数规律兼容的方程,称为灰色建模,所建模型称为灰色模型,简记为 GM(grey model)。如 GM(m,n)称为 m 阶 n 个变量的灰色模型,其中 GM(1,1)模型是 GM(1,n)模型的特例,是灰色系统最基本的模型,也是常用的预测模型。

GM(1,1)模型是基于灰色系统的理论思想,将离散变量连续化,用微分方程代替差分方程,按时间累加后所形成的新的时间序列,呈现的规律可用一阶线性微分方程的解来逼近,用生成数序列代替原始时间序列,弱化原始时间序列的随机性,这样可以对变化过程做较长时间的描述,进而建立微分方程形式的模型。其建模的实质是建立微分方程的系数,将时间序列转化为微分方程,通过灰色微分方程可以建立抽象系统的发展模型。

GM(1,1)模型是 GM(1,n)模型的特例,其简单的微分方程形式是

$$\frac{\mathrm{d}x}{\mathrm{d}t}+ax=u \tag{6-2}$$

式中:x 为 $\frac{\mathrm{d}x}{\mathrm{d}t}$ 的背景值,也称为初始值;a,u 为常数(有时也将 u 写成 b)。

利用常数变易法解得，通解为

$$x(t) = ce^{-at} + \frac{u}{a} \tag{6-3}$$

若初始条件为 $t=0$，$x(t)=x_0$，则可得到微分方程的特解为

$$x(t) = \left(x_0 - \frac{u}{a}\right)e^{-at} + \frac{u}{a} \tag{6-4}$$

或时间响应函数：

$$x(t+1) = \left[x^{(1)}(1) - \frac{u}{a}\right]e^{-at} + \frac{u}{a} \tag{6-5}$$

按白化导数定义有差分形式的微分方程，即

$$\frac{\mathrm{d}x}{\mathrm{d}t} = \lim_{\Delta t \to 0} \frac{x(t+\Delta t) - x(t)}{\Delta t} \tag{6-6}$$

当时间密化值定义为 1，即当 $\Delta t \to 1$ 时，式(6-6)可记为

$$\frac{\mathrm{d}x}{\mathrm{d}t} = \lim_{\Delta t \to 1}[x(t+1) - x(t)] \tag{6-7}$$

记为离散形式

$$\frac{\mathrm{d}x}{\mathrm{d}t} = x(t+1) - x(t) \tag{6-8}$$

这表明 $\frac{\mathrm{d}x}{\mathrm{d}t}$ 是一次累计生成，因此式(6-8)可改写为

$$\frac{\mathrm{d}x}{\mathrm{d}t} = x^{(1)}(t+1) - x^{(1)}(t) = x^{(0)}(t+1) \tag{6-9}$$

这实际也表明，模型是以生成数 $x^{(1)}$（$x^{(1)}$ 是以 $x^{(0)}$ 的一次累加）为基础的。

当 Δt 足够小时，$x(t)$ 到 $x(t+\Delta t)$ 不会发生突变，因此，可取 $x(t)$ 与 $x(t+\Delta t)$ 的平均值作为 $\Delta t \to 0$ 时的背景值，因此背景值便可记为

$$x^{(1)} = \frac{1}{2}[x^{(1)}(t+1) + x^{(1)}(t)] \tag{6-10}$$

或

$$x^{(1)} = \frac{1}{2}[x^{(1)}(k+1) + x^{(1)}(k)] \tag{6-11}$$

于是白化的微分方程 $\frac{\mathrm{d}x^{(1)}}{\mathrm{d}t} + ax^{(1)} = u$ 可改写为

$$x^{(0)}(k+1) + \frac{1}{2}a[x^{(1)}(k+1) + x^{(1)}(k)] = u \tag{6-12}$$

或

$$x^{(0)}(k+1) = -\frac{1}{2}a[x^{(1)}(k+1) + x^{(1)}(k)] + u \tag{6-13}$$

即

$$x^{(0)}(2) = -\frac{1}{2}a[x^{(1)}(2) + x^{(1)}(1)] + u$$

$$x^{(0)}(3) = -\frac{1}{2}a[x^{(1)}(2) + x^{(1)}(1)] + u$$

$$\cdots\cdots \tag{6-14}$$

$$x^{(0)}(n) = -\frac{1}{2}a[x^{(1)}(n) + x^{(1)}(n-1)] + u$$

因此,上述方程(6-14)可以改写为矩阵方程形式,即

$$
\begin{bmatrix} x^{(0)}(2) \\ x^{(0)}(3) \\ \vdots \\ x^{(0)}(n) \end{bmatrix} = a \begin{bmatrix} -\dfrac{1}{2}a[x^{(1)}(2) + x^{(1)}(1)] \\ -\dfrac{1}{2}a[x^{(1)}(2) + x^{(1)}(1)] \\ \vdots \\ -\dfrac{1}{2}a[x^{(1)}(n) + x^{(1)}(n-1)] \end{bmatrix} + u \begin{bmatrix} 1 \\ 1 \\ \vdots \\ 1 \end{bmatrix} \tag{6-15}
$$

引入下列符号,设

$$
\boldsymbol{Y}_N = \begin{bmatrix} x^{(0)}(2) \\ x^{(0)}(3) \\ \vdots \\ x^{(0)}(n) \end{bmatrix} \qquad \boldsymbol{E} = \begin{bmatrix} 1 \\ 1 \\ \vdots \\ 1 \end{bmatrix} \qquad \boldsymbol{X} = \begin{bmatrix} -\dfrac{1}{2}a[x^{(1)}(2) + x^{(1)}(1)] \\ -\dfrac{1}{2}a[x^{(1)}(2) + x^{(1)}(1)] \\ \vdots \\ -\dfrac{1}{2}a[x^{(1)}(n) + x^{(1)}(n-1)] \end{bmatrix}
$$

于是便有

$$\boldsymbol{Y}_N = a\boldsymbol{X} + u\boldsymbol{E} = [\boldsymbol{X} \,\vdots\, \boldsymbol{E}] \begin{bmatrix} a \\ u \end{bmatrix} \tag{6-16}$$

令

$$
\hat{a} = \begin{bmatrix} a \\ u \end{bmatrix} \quad \boldsymbol{B} = [\boldsymbol{X} \,\vdots\, \boldsymbol{E}] = \begin{bmatrix} -\dfrac{1}{2}a[x^{(1)}(2) + x^{(1)}(1)] & 1 \\ -\dfrac{1}{2}a[x^{(1)}(2) + x^{(1)}(1)] & 1 \\ \vdots & \vdots \\ -\dfrac{1}{2}a[x^{(1)}(n) + x^{(1)}(n-1)] & 1 \end{bmatrix}
$$

则

$$\boldsymbol{Y}_N = a\boldsymbol{X} + u\boldsymbol{E} = [\boldsymbol{X} \,\vdots\, \boldsymbol{E}] \begin{bmatrix} a \\ u \end{bmatrix} = \boldsymbol{B}\hat{a} \tag{6-17}$$

解得

$$\hat{a} = \begin{bmatrix} a \\ u \end{bmatrix} = (\boldsymbol{B}^{\mathrm{T}}\boldsymbol{B})^{-1}\boldsymbol{B}^{\mathrm{T}}\boldsymbol{Y}_N \tag{6-18}$$

将求解得到的代入微分方程的解式(也称时间响应函数),则

$$\hat{x}^{(1)}(k+1)=\left[x^{(1)}(1)-\frac{u}{a}\right]e^{-ak}+\frac{u}{a} \tag{6-19}$$

由于 $x^{(0)}(1)=x^{(1)}(1)$,求导还原得

$$\hat{x}^{(0)}(k+1)=-a\left[x^{(0)}(1)-\frac{u}{a}\right]e^{-ak} \tag{6-20}$$

上式(6-19)和式(6-20)便为 GM(1,1)的时间响应式,及灰色系统预测模型的基本算式,当然上述两式的计算结果只是近似计算值。

6.2.2　GM(1,1)模型的检验

GM(1,1)模型的检验包括残差检验、关联度检验、后验差检验三种形式。每种检验对应不同功能:残差检验属于算术检验,对模型值和实际值的误差进行逐点检验;关联度检验属于几何检验范围,通过考察模型曲线与建模序列曲线的几何相似程度进行检验,关联度越大,模型越好;后验差检验属于统计检验,对残差分布的统计特性进行检验,衡量灰色模型的精度。

1. 残差检验

残差大小检验,即对模型值和实际值的残差进行逐点检验。

设模拟值的残差序列为 $e^{(0)}(t)$,则

$$e^{(0)}(t)=x^{(0)}(t)-\hat{x}^{(0)}(t) \tag{6-21}$$

令 $\varepsilon(t)$ 为残差相对值,即残差百分比为

$$\varepsilon(t)=\left[\frac{x^{(0)}(t)-\hat{x}^{(0)}(t)}{x^{(0)}(t)}\right]\% \tag{6-22}$$

令 $\bar{\Delta}$ 为平均残差,$\bar{\Delta}=\frac{1}{n}\sum_{t=1}^{n}|\varepsilon(t)|$。

设残差的方差为 S_2^2,则 $S_2^2=\frac{1}{n}\sum_{t=1}^{n}[e(t)-\bar{e}]^2$。故后验差比例为 $C,C=S_2/S_1$,误差频率为 $P,P=P\{|e(t)-\bar{e}|<0.6745S_1\}$。

对于 C,P 检验指标,见表6-1。

表 6-1　灰色预测精确度检验等级标准

检验指标	好	合格	勉强	不合格
P	$\geqslant 0.95$	$\geqslant 0.80, <0.95$	$\geqslant 0.70, <0.80$	<0.70
C	$\leqslant 0.35$	$\leqslant 0.50, >0.35$	$\leqslant 0.65, >0.50$	>0.65

一般 $\varepsilon(t)<20\%$,最好是 $\varepsilon(t)<10\%$,符合要求。

2. 关联度检验

关联度是用来定量描述各变化过程之间的差别。关联系数越大,说明预测值和实际

值越接近。

设
$$X^{(0)}(t)=\{\hat{x}^{(0)}(1),\hat{x}^{(0)}(2),\cdots,\hat{x}^{(0)}(n)\}$$
$$X^{(0)}(t)=\{x^{(0)}(1),x^{(0)}(2),\cdots,x^{(0)}(n)\}$$

序列关联系数定义为

$$\xi(t)=\begin{cases}\dfrac{\min\{|\hat{x}^{(0)}(t)-x^{(0)}(t)|\}+\sigma\max\{|\hat{x}^{(0)}(t)-x^{(0)}(t)|\}}{|\hat{x}^{(0)}(t)-x^{(0)}(t)|+\sigma\max\{|\hat{x}^{(0)}(t)-x^{(0)}(t)|\}} & (t\neq 0)\\ 1 & (t=0)\end{cases}$$

式中：$|\hat{x}^{(0)}(t)-x^{(0)}(t)|$ 为第 t 个点 $x^{(0)}$ 和 $\hat{x}^{(0)}$ 的绝对误差；$\xi(t)$ 为第 t 个数据的关联系数；ρ 为分辨率，即取定的最大差百分比，$0<\rho<1$，一般取 $\rho=0.5$。

$x^{(0)}(t)$ 和 $\hat{x}^{(0)}(t)$ 的关联度为

$$r=\frac{1}{n}\sum_{t=1}^{n}\xi(t) \tag{6-23}$$

原始数据与预测数据关联度精度检验等级见表 6-2。关联度大于 60％ 便满意了，原始数据与预测数据关联度越大，模型越好。

表 6-2　精度检验等级

精度等级	关联度	均方差比值	小误差概率
好(1 级)	≥0.90	≤0.35	≥0.95
合格(2 级)	≥0.80,<0.90	≤0.50,>0.35	≥0.80,<0.95
勉强(3 级)	≥0.70,<0.80	≤0.65,>0.50	≥0.70,<0.80
不合格(4 级)	<0.70	>0.65	<0.70

3. 后验差检验

后验差检验，即对残差分布的统计特性进行检验. 检验步骤如下。

（1）计算原始时间数列 $X^{(0)}=\{x^{(0)}(1),x^{(0)}(2),\cdots,x^{(0)}(n)\}$ 的均值和方差

$$\overline{x}^{(0)}=\frac{1}{n}\sum_{t=1}^{n}x^{(0)}(t),\quad S_1^2=\frac{1}{n}\sum_{t=1}^{n}(x^{(0)}(t)-\overline{x})^2 \tag{6-24}$$

（2）计算残差数列 $e^{(0)}=\{e^{(0)}(1),e^{(0)}(2),\cdots,e^{(0)}(n)\}$ 的均值 $\overline{e}$ 和方差 S_2^2

$$\overline{e}=\frac{1}{n}\sum_{t=1}^{n}e^{(0)}(t),\quad S_2^2=\frac{1}{n}\sum_{t=1}^{n}(e^{(0)}(t)-\overline{e})^2 \tag{6-25}$$

式中：$e^{(0)}(t)=x^{(0)}(t)-\hat{x}^{(0)}(t)$，$t=1,2,\cdots,n$ 为残差数列。

（3）计算后验差比值

$$C=S_2/S_1 \tag{6-26}$$

（4）计算小误差频率

$$P=P\{|e^{(0)}(t)-\overline{e}|<0.6745S_1\} \tag{6-27}$$

令 $S_0=0.6745S_1$，$\Delta(t)=|e^{(0)}(t)-\overline{e}|$，即 $P=P\{\Delta(t)<S_0\}$。

若对给定的 $C_0>0$，当 $C<C_0$ 时，称模型为方差比合格模型；若对给定的 $P_0>0$，当 $P>P_0$ 时，称模型为小残差概率合格模型。

后残差检验判别参见表 6-3。

表 6-3   后验差检验判别参照表

P	C	模型精度
$\geqslant 0.95$	$\leqslant 0.35$	优
$\geqslant 0.80, <0.95$	$\leqslant 0.50, >0.35$	合格
$\geqslant 0.70, <0.80$	$\leqslant 0.65, >0.50$	勉强合格
<0.70	>0.65	不合格

6.2.3　GM(1,1)模型的适用范围

当 GM(1,1) 发展系数 $|a| \geqslant 2$ 时,GM(1,1) 模型没有意义。

通过原始序列 $X_i^{(0)}$ 与模拟序列 $X_i^{(0)}$ 进行误差分析,随着发展系数的增大,模拟误差迅速增加。当发展系数 $-a \leqslant 0.3$ 时,模拟精度可以达到 98% 以上;发展系数 $-a \leqslant 0.5$ 时,模拟精度可以达到 95% 以上;发展系数 $-a > 1.0$ 时,模拟精度低于 70%;发展系数 $-a > 1.5$ 时,模拟精度低于 50%。

进一步对预测误差进行考虑,当发展系数 $-a < 0.3$ 时,1 步预测精度在 98% 以上,2 步和 5 步预测精度都在 90% 以上,10 步预测精度亦高于 80%;当发展系数 $-a > 0.8$ 时,1 步预测精度已低于 70%。

通过以上分析,可得下述结论:

(1) 当 $-a \leqslant 0.3$ 时,GM(1,1) 可用于中长期预测;

(2) 当 $0.3 < -a \leqslant 0.5$ 时,GM(1,1) 可用于短期预测,中长期预测慎用;

(3) 当 $0.5 < -a \leqslant 0.8$ 时,GM(1,1) 作短期预测应十分谨慎;

(4) 当 $0.8 < -a \leqslant 1$ 时,应采用残差修正 GM(1,1) 模型;

(5) 当 $-a > 1$ 时,不宜采用 GM(1,1) 模型。

6.3   指 标 预 测

6.3.1   人 口 预 测

根据班戈县 1990～2009 年的人口数据,利用 GM(1,1) 模型的计算步骤对人口原始数据进行计算,得到的预测模型如下:

$$\hat{x}^{(0)}(t+1) = -a\left[x^{(1)}(1) - \frac{u}{a}\right]e^{-at} = 27\,335.89e^{0.019t} \qquad (6-28)$$

对上述模型进行精度检验。常用的方法是回代检验,即分别用 $\hat{x}^{(1)}(1)$ 和 $x^{(1)}(0)$ 模型求出各时刻值,然后求相对误差。先利用时间响应函数模型 $\hat{x}^{(1)}(t+1)=27\,335.89e^{0.019t}$ 求各时刻值,并计算相对误差,结果见表 6-4。

表 6-4　模型预测的残差和相对误差

年份	人口数	预测值	绝对误差	相对误差 $\varepsilon(k)$
1999	31 797	31 797	31 797	0.00
2000	32 287	31 774	513.02	0.81
2001	32 398	32 384	13.92	0.01
2002	32 486	33 006	−519.90	−0.40
2003	33 395	33 640	−244.65	−0.15
2004	34 637	34 286	351.42	0.18
2005	35 007	34 944	63.09	0.03
2006	35 533	35 615	−81.87	−0.03
2007	35 780	36 299	−518.73	−0.17
2008	36 956	36 996	−39.71	−0.01
2009	38 186	37 706	479.93	0.13

因为 $\varepsilon(k)<1\%$ 模型的拟合精度较高,可进行预测和预报。

6.3.2　目标年人口预测

本书以 5 年、10 年、15 年为目标年,将数据带入式预测模型,得到 2014 年、2019 年、2024 年的班戈县预测分别为 42 494 人、46 723 人、51 374 人(图 6-1)。

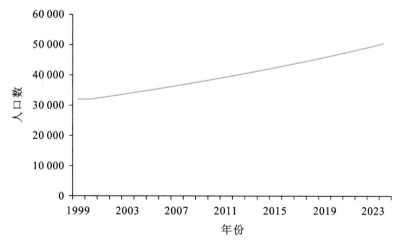

图 6-1　班戈县人口预测曲线图

6.3.3　生物资源及生态足迹预测

按照 GM(1,1) 模型，对生态足迹中的资源账户进行预测，得到的预测模型见表 6-5，预测结果见表 6-6。

表 6-5　生物资源生产账户预测模型

类型	$x^0(1)$	α 值	u 值	预测模型
牛肉/t	1 259.10	−0.028 3	1 054.31	$\hat{x}^{(0)}(t+1)=$　1 078.928$e^{0.028\,3t}$
羊肉/t	2 526.10	−0.038 9	2 438.71	$\hat{x}^{(0)}(t+1)=$　2 536.983$e^{0.038\,9t}$
奶类/t	2 242.35	−0.054 3	1 741.58	$\hat{x}^{(0)}(t+1)=$　1 863.345$e^{0.054\,3t}$
羊毛/t	548.00	−0.003 2	507.01	$\hat{x}^{(0)}(t+1)=$　510.846$e^{0.006\,7t}$
羊皮/张	141 730.00	−0.054 9	215 897.90	$\hat{x}^{(0)}(t+1)=223\,678.900e^{0.054\,9t}$
牛皮/张	14 646.00	−0.046 2	13 819.07	$\hat{x}^{(0)}(t+1)=$　14 495.700$e^{0.046\,2t}$

表 6-6　生物资源预测结果

	2014 年	2019 年	2024 年
牛肉/kg	2 119 000	2 441 000	2 811 000
羊肉/kg	6 329 000	7 688 000	9 339 000
奶类/kg	6 676 000	8 764 000	1 149 900
羊毛/kg	550 000	560 000	589 000
牛皮/张	27 703	34 434	42 800
羊皮/张	475 621	614 078	792 841

根据生物资源预测结果，结合生态足迹计算公式，计算得出 1990～2014 年的人均生态足迹，见图 6-2。

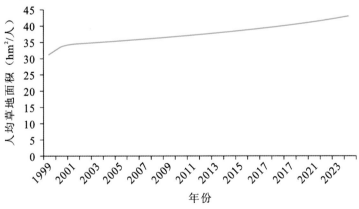

图 6-2　人均生态足迹预测

6.4　预　警　分　析

6.4.1　警度的确定

依据生态足迹分析法的基本原理,结合班戈县的实际,利用"系统优化法"与"专家确定法"相结合的方法制定出警度及灯区的对应关系(表 6-7)。

表 6-7　班戈县警度、警限与灯区

警限(分值范围)	$0 \leqslant T,t \leqslant 1$	$1 \leqslant T,t \leqslant 2$	$2 \leqslant T,t \leqslant 4$	$4 \leqslant T,t \leqslant 6$	$T,t > 6$
警度(警情状态)	无警	轻警	中警	重警	巨警
灯区(预警信号)	绿灯	蓝灯	黄灯	粉灯	红灯

6.4.2　预警结果分析

利用 1999～2024 年各指标的预测值,结合生态压力指数的计算公式,计算出各个年份的生态压力指数 E_T(表 6-8)。为了直观地反映警情状况,依据表中的数据绘制出预警曲线图,见图 6-3。

表 6-8　各年份生态压力指数 E_T 值

年份	E_T	年份	E_T	年份	E_T	年份	E_T	年份	E_T
1990	0.662 6	1997	0.885 9	2004	1.139 7	2011	1.473 4	2018	1.946 5
1991	0.702 6	1998	0.918 3	2005	1.181 9	2012	1.529 3	2019	2.032 0
1992	0.742 5	1999	0.951 3	2006	1.225 8	2013	1.587 3	2020	2.121 5
1993	0.769 0	2000	0.986 3	2007	1.271 6	2014	1.647 6	2021	2.214 9
1994	0.796 5	2001	1.022 4	2008	1.318 9	2015	1.711 5	2022	2.312 8
1995	0.825 3	2002	1.059 9	2009	1.368 5	2016	1.786 3	2023	2.376 8
1996	0.854 8	2003	1.099 0	2010	1.419 9	2017	1.864 3	2024	2.469 0

由图 6-3 可以看出,班戈县生态安全状况呈下降走势,从 1999～2000 年生态压力指数值处在绿灯区域,说明班戈县的生态安全状况处在"无警"状态。2001～2018 年的班戈县生态压力指数值处在蓝灯区域,说明生态安全状况处在"轻警"状态,2019～2024 年的生态压力指数值处在黄灯区域,说明班戈县的生态安全状况处在"中警"状态。从上述分析可以看出,班戈县处于不安全状态,并且有不断恶化的趋势。这说明在经济发展过程

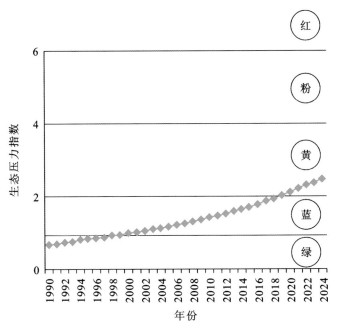

图 6-3　生态安全预警曲线图

中,班戈县生态系统的承受能力越来越不能满足人口增加、经济发展的要求,生态利用处于一种不可持续的状态,对此,应积极采取措施来缓解生态安全状态恶化的趋势。

参 考 文 献

陈国阶,1996.对环境预警的探讨.重庆环境科学,18(5):1-4.

董伟,张向晖,苏德,等,2007.生态安全预警进展研究.环境科学与技术(12):97-99.

傅伯杰,1993.区域生态环境预警的理论及其应用.应用生态学报,4(4):436-439.

高吉喜,2008.区域生态保护.北京:中国环境科学出版社.

贾艳红,赵军,南忠仁,等,2007.熵权法在草原生态安全评价研究中的应用:以甘肃牧区为例.干旱区资源与环境,21(1):18-21.

黎德川,廖铁军,刘洪,等,2009.乐山市土地生态安全预警研究.西南大学学报:自然科学版,31(3):141-147.

李万莲,2008.我国生态安全预警研究进展.安全与环境工程,15(3):78-81.

刘邵权,陈国阶,陈治谏,2001.农村聚落生态环境预警:以万州区茨竹乡茨竹五组为例.生态学报,21(2):295-311.

刘友兆,马欣,徐茂,2003. 耕地质量预警.中国土地科学,17(6):9-12.

石明奎,彭昱,李恩东,等,2005.珠江上游少数民族农业区域生态安全预警研究:贵州境内22县实证分析.中国人口·资源与环境,15(6):50-54.

舒帮荣,刘友兆,徐进亮,等,2010.基于BP-ANN的生态安全预警研究:以苏州市为例.长江流域资源与环境,19(9):1080-1085.

沈渭寿,2010.区域生态承载力与生态安全研究.北京:中国环境科学出版社.

孙凡,李天云,黄柯,等,2005.重庆市生态安全评价与监测预警研究:理论与指标体系.西南农业大学学报:自然科学版,27(6):757-761.

文传浩,彭昱,2008.珠江上游少数民族县域生态环境变迁及其安全预警研究:以关岭布依族苗族自治县为个案.贵州民族研究,28(1):107-112.

谢钦铭,朱清泉,2008.区域水环境生态安全的预警系统构建初探.江西科学,26(1):37-43.

许学工,1996.黄河三角洲生态环境的评估和预警研究.生态学报,16(5):461-468.

尹昌斌,陈基湘,鲁明中,1999.自然资源开发利用度预警分析.中国人口・资源与环境,9(3):34-38.

赵雪雁,2004.西北干旱区城市化进程中的生态预警初探.干旱区资源与环境,18(6):1-5.

Fedorov M P,Shilin M B,2010. Ecological safety of tidal-power projects. Power Technology and Engineering(44):117-121.

Gao Y,Wu Z F,Lou Q S,et al,2012. Landscape ecological security assessment based on projection pursuit in Pearl River Delta. Environmental Monitoring and Assessment(184):2307-2319.

Intrieri E,Gigli G,Mugnai F,et al,2012. Design and implementation of a landslide early warning system. Engineering Geology(147/148):124-136.

Lenton T M,2013. What early warning systems are there for environmental shocks? Environmental Science & Policy(27):60-75.

Zhou L H,Chen X H,Zheng T L,2010. Study on the ecological safety of algaecides: A comprehensive strategy for their screening. Journal of Applied Phycology(22):803-811.

第 7 章　生态安全的影响因素及对策分析

因为班戈县生态安全评价是依据生态足迹模型进行评价的,所以从生态足迹及生态承载力两方面来分析其变化的原因。

7.1　生态足迹主要影响因素判定

7.1.1　STIRPAT 模型构建

IPAT 模型是美国斯坦福大学的著名人口学家埃利希(Paul R. Ehrlich)教授于 1971 年提出的,是关于环境负荷与人口、富裕度和技术三因素之间关系的方程式:

$$I = P \times A \times T$$

式中:I 为环境负荷,可以指各种资源消耗量或污染物;P 为人口;A 为人均 GDP;T 为单位 GDP 的环境负荷。这个公式虽然很简单,但是它在环境与经济之间架起了一座桥梁,将环境状况和经济发展联系起来。IPAT 模型提出来后,被广泛用于分析环境变化的决定因素。但是该模型也存在一些局限性,如无法表达右边几个变量之间的相互作用关系;将互相影响的各驱动变量当作相互独立的因子来处理,与现实不相符;模型没有考虑其他因素的影响,如体制、社会经济发展水平。因而一些学者对其进行了改进。York 等(2003)在 IPAT 模型的基础上,建立了 STIRPAT 模型,即

$$I = aP^b A^c T^d e \qquad (7-1)$$

式中:a 为模型的系数;b,c,d 分别为人口数量、富裕度、技术等驱动力指数;e 为模型误差。当 $a=b=c=d=e=1$ 时,STIRPAT 模型即为

IPAT 模型。在对模型取对数后变为

$$\ln I = \ln a + b\ln P + c\ln A + d\ln T + \ln e \tag{7-2}$$

在实际应用中,可根据需要在模型中增加社会或其他控制因素来分析各因素对环境的影响,但增加的变量需要与 STIRPAT 模型指定的乘法形式具有概念上的一致性。

7.1.2 因子筛选

本研究中选取人口、农牧业人口比重、人均 GDP、第一产业比重、万元 GDP 足迹、草地利用强度作为影响班戈县生态足迹的关键社会经济因素,利用扩展后的模型全面定量研究影响生态足迹的影响程度。

将各因子取自然对数后,以生态足迹总量为因变量,其他因子为自变量,按照时间序列数据进行相关分析,经过显著性检验可以判断是否可以作为生态足迹总量的有效影响因子,得出的结果见表 7-1。由表 7-1 可看出:人口、人均 GDP、草地利用强度、第一产业比重、农牧业人口比重与生态足迹总量的相关性系数均在 0.7 以上,而且双侧显著性检验在 0.01 置信区间上显著相关,因此,选取人口、人均 GDP、农牧业人口比重、草地利用强度、第一产业比重指标这 5 项因子作为 STIRPAT 模型中的自变量。

表 7-1 影响因素相关性分析

影响因素		人口 (P_1)	人均 GDP (A_1)	万元 GDP 足迹 (T_1)	草地利用强度 (T_2)	第一产业比重 (A_2)	农牧业人口比重 (P_2)	生态足迹 (I)
人口 (P_1)	相关性	1.000	0.950**	−0.348	0.298	−0.946**	−0.863**	0.958**
	显著性(双侧)	0.000	0.000	0.000	0.000	0.000	0.001	0.000
人均 GDP (A_1)	相关性	0.950**	1.000	−0.382	0.207	−0.989**	−0.955**	0.947**
	显著性(双侧)	0.000	0.000	0.000	0.000	0.000	0.000	0.000
万元 GDP 足迹 (T_1)	相关性	−0.348	−0.382	1.000	−0.674*	0.320	0.255	−0.364
	显著性(双侧)	0.000	0.000	0.000	0.002	0.000	0.000	0.000
草地利用强度 (T_2)	相关性	0.298	0.207	−0.674*	1.000	−0.141	−0.029	0.714*
	显著性(双侧)	0.000	0.000	0.000	0.000	0.000	0.000	0.000
第一产业比重 (A_2)	相关性	−0.946**	−0.989**	0.320	−0.141	1.000	0.951**	−0.934*
	显著性(双侧)	0.000	0.000	0.000	0.000	0.000	0.000	0.000
农牧业人口比重 (P_2)	相关性	−0.863**	−0.955**	0.255	−0.029	0.951**	1.000	−0.872**
	显著性(双侧)	0.001	0.000	0.000	0.000	0.000	0.000	0.000
生态足迹 (I)	相关性	0.958**	0.947**	−0.364	0.714*	−0.934*	−0.872**	1.000
	显著性(双侧)	0.000	0.000	0.001	0.000	0.000	0.000	0.000

** 在 0.01 水平(双侧)上显著相关。* 在 0.05 水平(双侧)上显著相关

7.1.3　偏最小二乘回归分析

偏最小二乘法(partial least squares,PLS)是在 20 世纪 60 年代末由 H. Wold 提出的一种多因变量对多自变量的回归建模。该方法具有多元线性回归、典型相关分析和主成分分析三种方法的基本功能,具有计算量小、预测精度高、无须剔除任何解释变量或样本点、所构造的潜变量较确定、易于定性解释等优点,在许多领域得到了广泛运用。

偏最小二乘回归的方法和步骤。

(1)标准化预处理。在进行数据分析前首先要进行预处理,因为不同的自变量数值差异比较大,较大数值的信息会掩盖较小数值的信息,可以采用标准化法进行预处理。自变量集 $\boldsymbol{X}=\{X_1,\cdots,X_m\}$ 标准化处理后的数据集为 $\boldsymbol{E}_0$,相应矩阵记为 $\boldsymbol{E}_0=[E_{01},\cdots,E_{0P}]$,因变量集 $\boldsymbol{Y}=\{Y_1,\cdots,Y_n\}$ 标准化处理后的数据集为 $\boldsymbol{F}_0$,相应矩阵记为 $\boldsymbol{F}_0=[F_{01},\cdots,F_{0q}]$。

(2)第一成分的提取。偏最小二乘回归成分提取时,从自变量中提取的第一成分 t_1,从因变量中提取的第一成分 u_1

$$t_1=\boldsymbol{E}_0 w_1,u_1=\boldsymbol{F}_0 c_1(\parallel w_1\parallel=\parallel c_1\parallel=1) \tag{7-3}$$

式中:w_1 为 $\boldsymbol{E}_0$ 的第一个轴;c_1 为 $\boldsymbol{F}_0$ 的第一个轴。既要求它们尽可能大地携带原始数据的变异信息,又要求它们的相关程度达到最大,即 t_1 和 u_1 的协方差最大。根据主成分和典型相关分析思路,可推导出

$$w_1=\frac{\boldsymbol{E}_0^{\mathrm{T}}\boldsymbol{F}_0}{\parallel\boldsymbol{E}_0^{\mathrm{T}}\boldsymbol{F}_0\parallel} \tag{7-4}$$

算出 w_1 后,即可求出 t_1,再分别求对 t_1 的回归方程:

$$\left.\begin{array}{l}\boldsymbol{E}_0=t_1\boldsymbol{p}_1^{\mathrm{T}}+\boldsymbol{E}_1\\ \boldsymbol{F}_0=t_1\boldsymbol{r}_1+\boldsymbol{F}_1\end{array}\right\} \tag{7-5}$$

式中:$\boldsymbol{p}_1=\dfrac{\boldsymbol{E}_0^{\mathrm{T}}t_1}{\parallel t_1\parallel^2}$;$\boldsymbol{r}_1=\dfrac{\boldsymbol{F}_0^{\mathrm{T}}t_1}{\parallel t_1\parallel^2}$;$\boldsymbol{E}_1$ 和 $\boldsymbol{F}_1$ 分别是两个方程的残差矩阵。

(3)第二成分的提取。如果提取的第一成分可以代替自变量的信息,就可以利用第一成分对因变量回归,建立预测模型,如果提取的信息不够,就要在残差矩阵中继续提取第二成分 t_2。用残差矩阵 $\boldsymbol{E}_1$ 和 $\boldsymbol{F}_1$ 取代 $\boldsymbol{E}_0$ 和 $\boldsymbol{F}_0$,然后,求第二个轴 w_2 和 c_2,以及第二个成分 t_2 和 u_2,有

$$\left.\begin{array}{l}t_2=\mathrm{E}_1 w_2\\ w_2=\dfrac{\boldsymbol{E}_1^{\mathrm{T}}\boldsymbol{F}_1}{\parallel\boldsymbol{E}_1^{\mathrm{T}}\boldsymbol{F}_1\parallel}\\ u_2=\boldsymbol{F}_1 c_2\end{array}\right\} \tag{7-6}$$

分别求 E_1 和 F_1 对 t_2 的回归方程：

$$E_1 = t_2 \boldsymbol{p}_2^T + E_2 \qquad F_1 = t_2 \boldsymbol{r}_2 + F_2 \tag{7-7}$$

（4）回归方程的获取。同理可推得第 h 成分 t_h，h 的个数可以用交叉有效性原则进行，h 小于 $\boldsymbol{X}$ 的秩。

如此计算下去，如果 $\boldsymbol{X}$ 的秩为 A，则会有

$$\left.\begin{array}{l} \boldsymbol{E}_0 = t_1 \boldsymbol{p}_1^T + \cdots + t_A \boldsymbol{p}_A^T T \\ \boldsymbol{F}_0 = t_1 \boldsymbol{r}_1^T + \cdots + t_A \boldsymbol{r}_A^T + \boldsymbol{F}_A \end{array}\right\} \tag{7-8}$$

由于 $t_1, \cdots, t_A$ 均可以表示成 $E_{01}, \cdots, E_{0P}$ 的线性组合，式(7-8)可以还原成 $Y_k = F_{0K}$ 关于 $X_J = E_{0J}$ 的回归方程形式：

$$Y_k = b_{k1} X_1 + \cdots + b_{kp} X_p + \boldsymbol{F}_{AK} \qquad (k = 1, \cdots, q) \tag{7-9}$$

式中：$\boldsymbol{F}_{AK}$ 是残差矩阵 $\boldsymbol{F}_A$ 的第 k 列。

采用偏最小二乘法对模型进行回归拟合，模型方差分析(F)为 21.876，相关系数(R)为 0.969，Sig. 为 0.000，表明模型拟合达高度显著水平，模型拟合结果见表 7-2。人口、农牧业人口比重、人均 GDP、第一产业比重、草地利用强度都对班戈县的生态足迹总量产生了显著影响。人口、农牧业人口比重、人均 GDP、第一产业比重、草地利用强度弹性系数分别为 0.952、0.202、0.331、0.378、0.482，表示当人口总量每增加 1%时，班戈县的生态足迹总量将增加 0.952%；农牧业人口比例每增加 1%时，班戈县的生态足迹总量将增加 0.202%；当人均 GDP 每增加 1%时，班戈县的生态足迹总量将增加 0.331%；当第一产业比重每增加 1%时，班戈县的生态足迹总量将增加 0.378%；当草地利用强度每增加 1%时，班戈县的生态足迹总量将增加 0.482%。从表 7-2 中的标准回归化系数比较中可以看出，人口、人均 GDP、第一产业比重、草地利用强度对班戈县草地生态足迹的影响较大，是主要因素。

表 7-2　STIRPAT 模型拟合结果

变量	未标准化系数		Sig.
	B	标准误	
（常数）	−2.052	2.640	0.002
人口	0.952	0.003	0.017
农牧业人口比重	0.202	0.000	0.000
人均 GDP	0.331	0.000	0.018
第一产业比重	0.378	0.009	0.000
草地利用强度	0.482	0.005	0.006

7.2　生态足迹主要社会经济影响因素分析

7.2.1　人口增加、经济发展是生态足迹增加的主要原因

将经济增长的物质消耗与经济社会发展指标(GDP 与人口)结合起来,分析它们之间的关联程度,考察经济与生态环境是否协调发展。如果经济增长不是大量依赖于资源的消耗,则说明经济、环境是协调发展的。1990~2009 年,班戈县 GDP 和人口在不断上升,人口增加了 11 615 人,增长率为 43.71%,年均增长率为 2.19%;人均 GDP 增加了 7 933 元,增长率为 1 774.72%,年均增长率为 88.73%。班戈县生态足迹也在不断上升,人均生态足迹增加了 0.194 8 hm²/人,增长率为 29.02%,年均增长率为 1.45%。总生态足迹增加了 15 234.62 hm²,增长率为 85.42%,年均增长率为 4.27%(图 7-1)。经济发展的速度远远高于生态足迹增长的速度,说明经济的快速发展是班戈县生态足迹增加的主要原因。

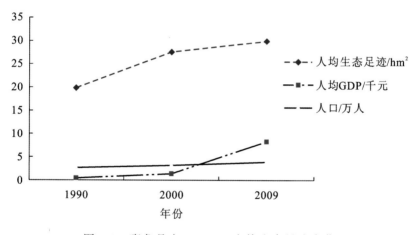

图 7-1　班戈县人口、GDP、人均生态足迹变化

7.2.2　草地资源利用强度的增加是
生态足迹增加的直接原因

草地资源利用强度用单位面积草地放牧数量来表征。草地资源利用强度越大,草地载畜量越大,直接从草地获得的生物资源越多,草地生产性生态足迹就越高。班戈县实际载畜量由 1990 年的 130.35 万个绵羊单位增加到 2010 年的 167.15 万个绵羊单位,年均增加 1.34%。随着人口的增加,班戈县的牲畜放牧量增加,使人口生存发展需要的牲畜量与草地的承载能力之间的矛盾加剧,草地载畜量超过了理论载畜量,草地生态足迹超过生态承载

力,草地处于不可持续状态。保护草地、提高草地的载畜能力是畜牧业发展的当务之急。

7.2.3　产业结构调整是影响生态足迹的重要因素

产业结构反映经济、社会发展对资源的依赖程度,间接反映对自然环境的破坏程度。班戈县是纯牧业县,多年来畜牧业一直是牧民的支柱产业,产业结构单一,畜牧业在经济总量中占绝对比重。随着草场承包责任制,发展二、三产业等措施的实施,第一产业比例逐渐下降,二、三产业迅速发展,在经济总量中比例逐渐提高。2000 年,第一产业占83.92%,2009 年第一产业比重下降到 32.49%。牧民生产方式从第一产业转向以非农活动为主的多元化转变,是有效地解决草地退化问题的主要措施。

7.3　生态承载力主要影响因素评价

在获取班戈县近 20 年来气象观测数据和社会经济资料的基础上,采用相关性和灰色关联方法,对自然因素、社会经济因素在生态承载力下降过程中的作用做出定量评价,明确自然因素和人为因素变化对生态承载力的影响程度,为制定科学、稳妥的藏北草地退化防护对策与治理措施提供科学的理论依据,以遏制藏北草地退化,促进草地资源的可持续利用。

7.3.1　分　析　方　法

尽管植被覆盖与自然因素、人为因素之间存在不同程度的相关性,但相关系数只能表明植被覆盖与相关因子之间的共变,很难精确地度量植被覆盖与其相关程度的客观大小,并且各种影响因素之间相互作用,并不独立。因此,本书拟采用灰色关联度方法确定植被覆盖与自然因素、经济因素的相关性。

灰色理论(grey theory)是由我国著名学者邓聚龙教授于 1982 年首创的一种系统科学理论,是一种研究少数据、贫信息的不确定性问题的新方法。灰色系统理论是从信息的非完备性出发研究和处理复杂系统的理论,它不是寻找系统内部的特殊规律,而是用数学方法处理对系统某一层次的观测资料,以便在更高层次上了解系统内部变化趋势和相互关系。

灰色系统理论应用的其中一个研究内容是灰色关联度分析。灰色关联度分析是根据因素之间发展态势的相似或相异程度来衡量因素之间关联程度的方法。从思路上看,关联度分析属于几何处理范畴。它是一种相对性排列顺序的分析方法,基本原理是根据曲线几何形状的相似程度来判断研究序列之间的联系是否紧密,几何曲线越接近,研究的相应序列之间的关联度就越大,反之就越少。由于灰色关联分析是按发展趋势来进行分析,不要求样本的数量,也不需要研究序列要有典型的分布规律,只要原始数列有 4 个数据,就可以通过灰色系统理论的方法进行计算,而且计算非常简单。灰色关联分析同样适用于无规律的数据,不会出现定性分析结果与灰色关联度定量化分析结果不一致的情况。所以,关联度分析方法的最大优点是它对数据量没有太高的要求,即数据多与少都可以分析。它的数学方法是非统计方法,在系统数据资料较少和条件不满足统计要求的情况下,更具有实用性。

我国统计数据十分有限,而且现有数据灰度较大,再加上人为的原因,许多数据都出现过几次大起大落,没有典型的分布规律,因此,采用数理统计方法来解决这些问题比较困难,而灰色关联分析正好弥补了这些不足。灰色关联分析计算步骤如下。

1. 确定分析序列

在对研究问题定性分析的基础上,确定一个因变量因素和多个自变量因素。设因变量数据构成参考序列 X'_0,各自变量数据构成比较序列 $X'_i (i=1,2,3,\cdots,n)$,$n+1$ 个数据序列呈如下矩阵:

$$[X'_0,X'_1,\cdots,X'_n] = \begin{bmatrix} x'_0(1) & x'_1(1) & \cdots & x'_n(1) \\ x'_0(2) & x'_1(2) & \cdots & x'_n(2) \\ \vdots & \vdots & & \vdots \\ x'_0(N) & x'_1(N) & \cdots & x'_n(N) \end{bmatrix}_{N \times (n+1)} \quad (7\text{-}10)$$

式中:N 为变量序列的长度;$\boldsymbol{X}'_i = [X'_i(1), X'_i(2), \cdots, X'_i(n)]^{\mathrm{T}} \quad (i=0,1,2,\cdots,n)$。

2. 对变量序列进行无量纲化处理

计算关联度之前,为消除量纲和量级差异对数据分析可能造成的影响,以增强因素间的可比性,可先对各要素的原始数据做无量纲化变换。无量纲化变换后各因素序列形成如下矩阵:

$$[X_0,X_1,\cdots,X_n] = \begin{bmatrix} x_0(1) & x_1(1) & \cdots & x_n(1) \\ x_0(2) & x_1(2) & \cdots & x_n(2) \\ \vdots & \vdots & & \vdots \\ x_0(N) & x_1(N) & \cdots & x_n(N) \end{bmatrix}_{N \times (n+1)} \quad (7\text{-}11)$$

常用的无量纲化方法有均值化法、规范化处理、初值化法等。

3. 求差序列、最大差和最小差

计算式(7-11)中第一列(参考序列)与其余各列(比较序列)对应期的绝对差值,形成如下绝对差值矩阵:

$$\begin{bmatrix} \Delta_{01}(1) & \Delta_{02}(1) & \cdots & \Delta_{0n}(1) \\ \Delta_{01}(2) & \Delta_{02}(2) & \cdots & \Delta_{0n}(2) \\ \vdots & \vdots & & \vdots \\ \Delta_{01}(N) & \Delta_{02}(N) & \cdots & \Delta_{0n}(N) \end{bmatrix}_{N \times (n+1)}$$

其中:

$$\Delta_{0i}(k) = |x_0(k) - x_i(k)| \quad (i=0,1,\cdots,n; k=1,2,\cdots,N)$$

绝对差值矩阵中的最大数和最小数即为最大差和最小差。

4. 计算关联系数

对绝对差值矩阵中的数据作如下变换：

$$\xi_{0i} = \frac{\Delta(\min) + \rho\Delta(\max)}{\Delta_{0i}(k) + \rho\Delta(\max)}$$

得到关联系数矩阵

$$\begin{bmatrix} \xi_{01}(1) & \xi_{02}(1) & \cdots & \xi_{0n}(1) \\ \xi_{01}(2) & \xi_{02}(2) & \cdots & \xi_{0n}(2) \\ \vdots & \vdots & & \vdots \\ \xi_{01}(N) & \xi_{02}(N) & \cdots & \xi_{0n}(N) \end{bmatrix}_{N \times (n+1)}$$

其中：分辨系数 ρ 在 $(0,1)$ 内取值；关联系数 $\xi_{0i}(k)$ 是不超过 1 的正数，它反映第 i 个比较序列 X_i 与参考序列 X_0 在第 k 个时期的关联程度。

5. 计算关联度

比较序列 X_i 与参考序列 X_0 的关联程度是通过 N 个关联系数来反映的，求平均值就可得到 X_i 与 X_0 的关联度

$$r_{0i} = \frac{1}{N}\sum_{k=1}^{n}\xi_{oi}(k) \tag{7-12}$$

6. 依关联度排序

对各比较序列与参考序列的关联度从大到小排序，关联度越大，说明比较序列与参考序列变化的态势越一致。

7.3.2 结果分析

自然因素和人类社会经济活动是造成生态承载力降低的两个重要因素。近 20 年来藏北地区自然环境和人类社会经济活动都发生了重大变化，其变化必然对草地环境产生重要作用与影响。受全球气候变暖的影响，青藏高原气候出现暖干化趋势，表征干旱气候系统的高寒草原植被带向南扩张，导致地表植被生物总量的下降以及草场载畜能力降低。气候暖干化导致高原降水量减少，成为植被发育不充分乃至退化的原因。此外，暖干化还加速了土壤的水土流失及沙漠化、土壤养分流失。流失的氮、磷、钾等营养成分促使土壤有机质下降，直接造成土壤肥力降低，牧草质量下降，且生长缓慢。同时，随着经济开发强度的增加，人为因素对草地退化造成的影响也不容忽视。因此，影响草地退化因子的选取既要考虑到人为因素，又要考虑到自然因素，也要考虑到人为因素与自然因素的综合影响。根据人类活动对生态承载力的影响方式和自然条件对草地承载力的可能影响，并考虑到长时段数据的可获取性和数据间的相关性，选择降雨量、年均气温、人口自然增长率、总人口、牧业劳动力比例、人均 GDP 值、牧业总产值、牧民家庭人均纯收入、年末牲畜存栏

数、人均畜产品占有量、第一产业占地区生产总值的比重、牧业产值占农业总产值的比重等作为影响因子(表 7-3),进行灰色关联分析。

表 7-3　班戈县生态承载力影响因素灰色关联分析指标

指标类型	变量名称
自然因素	降雨量(X_1)
	年均气温(X_2)
社会因素	人口自然增长率(X_3)
	总人口(X_4)
	牧业劳动力比例(X_5)
经济发展水平	人均 GDP(X_6)
	牧业总产值(X_7)
	牧民纯收入(X_8)
牧业发展状况	人均畜产品占有量(X_9)
	年末牲畜存栏数(X_{10})
产业结构	第一产业占地区总产值比例(X_{11})
	牧业产值占农业总产值比例(X_{12})
草地因素	草地退化率(X_{13})
	草地承包量(X_{14})

灰色关联分析的数据来源于《西藏统计年鉴》(1991~2010)和《那曲年鉴》(1991~2010)。首先选取生态承载力为系统参考数列,选取降雨量、年均气温、人口自然增长率、总人口、牧业劳动力比例、人均 GDP 值、牧业总产值、牧民人均纯收入、人均畜产品占有量、年末牲畜存栏数、第一产业占地区总产值的比重、牧业产值占农业总产值的比重、草地退化率、草地承包量作为比较数列 $X_0=\{X_0(1),\cdots,X_0(14)\}$,按照关联分析的步骤,计算相应的关联度(表 7-4)。

表 7-4　班戈县草地退化影响因素关联度

变量名称	关联度
降雨量(X_1)	0.67
年均气温(X_2)	0.64
人口自然增长率(X_3)	0.56
总人口(X_4)	0.82
牧业劳动力比例(X_5)	0.75
人均 GDP(X_6)	0.69

变量名称	关联度
牧业总产值(X_7)	0.66
牧民纯收入(X_8)	0.74
人均畜产品占有量(X_9)	0.77
年末牲畜存栏数(X_{10})	0.78
第一产业占地区总产值比(X_{11})	0.83
牧业产值占农业总产值比(X_{12})	0.80
草地退化率(X_{13})	0.91
草地承包量(X_{14})	0.79

对班戈县 1990～2009 年这一时段的关联度由大到小进行排序:草地退化率(X_{13})第一产业占地区总产值比(X_{11})>总人口(X_4)>牧业产值占农业总产值比(X_{12})>草地承包量(X_{14})>年末牲畜存栏数(X_{10})>人均畜产品占有量(X_9)>牧业劳动力比例(X_5)>牧民纯收入(X_8)>人均 GDP(X_6)>降雨量(X_1)>牧业总产值(X_7)>年均气温(X_2)>人口自然增长率(X_3)。其中,草地退化率(X_{13})、第一产业占地区总产值比(X_{11})、总人口(X_4)、牧业产值占农业总产值比(X_{12})、草地承包量(X_{14})这几个指标关联度大,是影响生态承载力的主导因素。

7.4　生态承载力主要影响因素分析

7.4.1　草地退化是区域生态承载力持续减少的根本原因

班戈县 1990～2000 年可利用草地面积减少了 12.98×10^4 hm²,2000～2009 年减少了 1.47×10^4 hm²。草地质量也在不断下降,1990～2009 年,无明显退化草地面积减少了 92.34 hm²,轻度退化草地面积增加了 33.37 hm²,中度退化草地面积增加了 36.22 hm²,重度退化草地面积增加了 8.3 hm²,这必然影响草地生态承载力。影响草地退化的主要自然因素如下。

1. 气温

青藏高原的剧烈隆起对高原本身及邻近区域的自然生态环境都产生了重大影响。处于青藏高原腹地的藏北高原,由于隆起的高原以及横亘的高大山脉阻碍了湿润气流的进入,致使高原内部气候越来越干冷,干旱化程度不断加重。班戈县的气候属于亚寒带半干旱季风气候,空气稀薄,气候寒冷干燥。青藏高原隆升而带来区内气候变干,加上受目前全球气候变暖的影响,气温略有升高,导致整个藏北高原蒸发量不断增大而降水有所减少,使本来降水就不足的高原气候更趋干旱。

从图 7-2 中可以看出,班戈县 2000 年、2002 年、2004 年、2008 年年平均气温在 0 ℃以下,其余年份多集中在 0 ℃及 0 ℃以上,气温相对偏低。2000 年后,班戈年平均气温下降,气候转冷;2001 年,气温有所升高,但随后又下降,直到 2005 年,气温才有明显的升高,2008 年气温又呈现普遍降低的趋势,之后又上升。总体上这 10 年气温呈逐渐上升趋势。

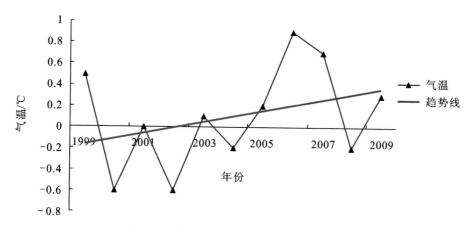

图 7-2　班戈县 1999～2008 年平均气温

2. 降水

据 1999～2008 年班戈县降雨量记录数据显示,各季节降水量变化较大(图 7-3 和图 7-4),班戈县春季降水普遍较高。春季降水对草本的萌芽极为重要,如果降水量减少,会限制草本植物正常生长,夏季降水较少,成为草本枯萎的直接因素。秋季是草本植物(一年生)生长成熟的季节,该季节草本基本停止生长。降水对草本植物的主要作用是维系根系存活的正常运转,且对土壤微生物生长亦有很大的促进作用。由于该时期草本等落叶直接覆盖于土壤层表面,降水、温度等因素作用有利于微生物及时获取营养,微生物活动的范围及强度直接影响到土壤的透气性、肥力等,继而对一年生或多年生草本有重要的影响。班戈县冬季降水较少,1999～2008 年 10 个年份冬季降水量都在 10 mm 以下,对维系牧草根系相当不利。春季和夏季是牧草生长旺盛的季节,班戈县春季和夏季降水量较多,这对牧草生长极为有利。

总之,班戈县的降水量,各季节波动较大,冬季降水总体偏低,这不利于土壤水分的保持,在冬季多风、严寒、低温的外部环境下,土壤风力侵蚀加大,造成草本植物根系外露,继而死亡,草本逐渐退化。

3. 蒸发

从图 7-5 中可以看出 1999～2008 年班戈县的总年降水量略有增加趋势,但增加幅度较小,降水量处于 249.6～454.2 mm;年蒸发量有下降趋势,但下降幅度也小,蒸发量处于

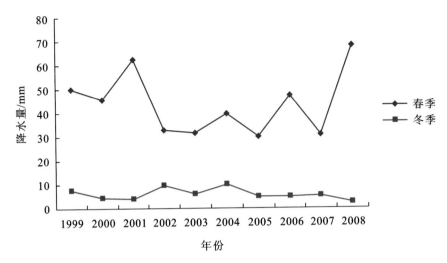

图 7-3 班戈县 1999～2008 年春季、冬季降水量

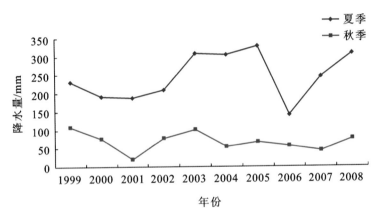

图 7-4 班戈县 1999～2008 年夏季、秋季降水量

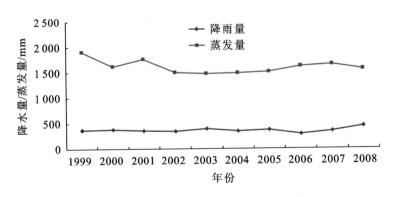

图 7-5 班戈县降水量、蒸发量对比折线

1 738~2 128.7 mm,蒸发量远远大于降水量。由于气候逐步改变,造成草地植物生境改变,在极端气候条件下,多数本地种由于不能适应气候的变干、变冷而逐渐退化,整个草地生态系统功能不断弱化,这是草地退化的自然因素之一。

4. 直接人为因素

1) 超载过牧是藏北草地退化的主要和直接原因

自 1958~2008 年的 50 年以来,那曲地区人口增长了近 4.67 倍,人均占有的可利用草场面积逐渐减少。随着人口的快速增长及家庭承包责任制的实施,牲畜数量也大量增长,超载过牧现象越来越严重,加剧了草地退化。2008 年年底那曲地区的实际载畜量(存栏)为 1 484 万个绵羊单位,理论载畜量应该为 1364 万个绵羊单位,合理载畜量应该为 830 个绵羊单位,实际载畜量超出理论载畜量的 8.8%,超出合理载畜量的 79%,其中班戈、那曲、比如、巴青 4 个县超载大于 1 倍以上。超载过牧破坏了草原生态平衡,是导致草原退化、沙化的主要因素。超载过牧是我国草地资源高效利用的主要限制因素,也是我国草地生态环境持续恶化的主要驱动因素。造成超载过牧的原因,有冬季漫长,牧草生长的季节性与家畜对饲草长年需要的均衡性之间的矛盾;有荒漠草原面积大,季节牧场分布不均衡;有干旱少雨,草地产草量较低,草畜供需失衡的矛盾等自然客观原因;也有如畜群结构不合理、盲目追求存栏头数、养殖期长、违背市场调节规律;重畜轻草、靠天养畜、只用不育,违背生态规律;科技水平不高等人为主观因素。

2) 人类活动因素影响

草地的退化与人口增长、过度放牧、过度开垦等因素有直接关系。随着人口不断增长,人们对粮食、肉、燃料等生活品的需求也越来越多,生活品需求量超过了土地的承载量。由于西藏纯牧区牧民照明、取暖等所需能源本身短缺,加上人口的增长,每年所需的牛粪等燃料急剧增长,使还原到草场中的牛羊粪减少,土壤肥力降低,植被生长缓慢,使原本疏松、贫瘠的土地生产能力下降,生态环境持续恶化。长期不合理的人为活动,如矿产开发和乱采滥挖滥砍等加剧了草地退化。由于近年价格持续上升,挖冬虫夏草的人数不断攀升,因挖药挖的坑多了,破坏的草原面积不断扩大,留下的坑由于缺乏草根的防风固沙作用成了新的沙源地。藏北草原区蕴藏着大量的地下矿产资源,工程建筑开挖本身就破坏了地面的草地,废矿、废弃物、来往频繁的车辆对草地也产生了极大的破坏。

7.4.2　人口增加是区域生态承载力不断减少的主要原因

尽管班戈县人口密度较低,仅为 1.35 人/km²,但人口增长较快,草地的承载能力有限,必将出现草畜矛盾,引起草地退化。班戈县人口呈增长态势见图 7-6。

1999~2009 年平均人口增长率为 2.19%。随着人口的快速增长,为了满足需求,牧民开始对自然资源进行掠夺性开发。作为牧区主要生产资料的草地,无疑成了最大资源载体,加剧了草地的过度利用。

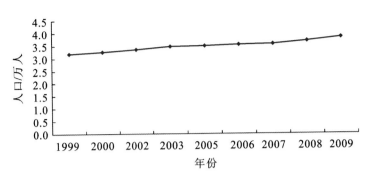

图 7-6　班戈县 1999～2009 年人口增长

7.4.3　草地保护工作的加强是区域自然生态承载力 下降速度变慢的重要因素

　　班戈县草地生态承载力从 1990～2000 年降低了 4 247.920 hm²,降低率为 10.03%,年均为 1.03%,从 2000～2009 年降低了 2 438.640 hm²,降低率为 6.40%,年均减少率为 0.64%。草地人均生态承载力 1990～2000 年减少了 0.421 hm²,减少率为 26.41%,年均减少率为 2.64%,2000～2009 年减少了 0.239 hm²,减少率为 20.37%,年均减少率为 2.37%。无论是从总生态承载力还是人均生态承载力来看,后 10 年都比前 10 年减少得慢。这是班戈县实行草原家庭承包经营责任制和草原补奖政策的结果。班戈县从 2003 年 5 月开始,推行草场家庭承包经营责任制。2008 年班戈县开展建立草原生态保护奖励机制试点工作。这些措施对防止草地退化、改变草地利用方式、草地植被恢复等起到了明显的效果。

7.5　草地退化防止对策及治理措施

　　由于藏北高寒、干旱的气候特点,使得草地生态环境极为脆弱,加上藏北牧区人口快速增长,人草畜矛盾日益突出,草原超载严重,草地出现不同程度的退化。尽管近年来在草原生态保护与建设上,藏北地区做了大量工作,在一定程度上改善了草原生态环境,但受严酷自然条件、人口快速增长、传统牧业粗放经营和全球气候变暖等因素的共同影响,草原生态"局部改善、总体恶化"的趋势仍未根本扭转,已成为制约藏北牧区经济社会持续发展的障碍,对国家的生态安全构成了严重威胁。切实加强草地生态保护和建设显得极为迫切和重要。

7.5.1　退化草地的防止对策

1. 加强环保宣传教育，增强生态保护意识

由于缺乏生态保护意识，许多牧民不清楚自身破坏生态环境的行为及其产生的后果，更无从谈保护草原生态环境。解决全民环境保护意识不强的问题，其中一项任务就是开展农村环境宣传教育。通过宣传教育，让牧民树立强烈的环境意识，调动牧民参与草地环境保护的积极性和主动性。只有牧民行动起来，环境问题才能从根本上得到解决。要通过多方位、多层次的环境教育帮助牧民树立科学的环境价值观，以适应建设社会主义新农村的要求。在农村人群文化水平相对不高的情况下，通过开展环境宣传教育工作提高广大农民群众的环境意识和认识水平，增强他们参与保护家园的意识。

环保宣传工作要适应新的形势，应将提高农民环境意识作为今后的宣传工作重点，充分利用广播、电影、电视、图书、报刊、幻灯、网络等各种载体，采用专访、系列报道、专题片、培训和文艺表演等形式，广泛宣传和普及环境保护知识，大力宣传生态恶化对生存环境的危害和加强生态环境保护的重要性、紧迫性，着重宣传有关保护草地的环保科普知识。帮助牧民了解草地利用中存在的问题、发展趋势及其危害，唤起牧民的生态意识和可持续发展意识，增强全体牧民环境保护的责任感和使命感。

要全面落实"预防为主，防治结合"的方针，努力增强民众的环保法制意识。要把环境保护法律法规的宣传教育作为全民法制宣传教育的重要内容，组织开展形式多样的环保法律法规宣传教育活动。要在全社会中，特别是在农村中大力普及环保法律法规和科技知识，宣传环保工作方针政策，增强环保国策意识，树立科学发展和环保法制观念，普遍增强民众保护环境意识，在学校里大力普及环境知识和环保理念，教育孩子从小树立环境保护意识，以点带面，吸引父母邻里关注环保，在这种潜移默化的影响下提高居民的生态环境意识。

2. 建立草原生态补偿制度

草原生态补偿，即草原使用人或受益人在合法利用草地资源过程中，对草原资源的所有权人或对因草原生态保护而丧失发展机会的牧民进行资金、技术、实物上的补偿和政策上的优惠，其目的是支持与鼓励草原地区更多承担保护草原生态环境责任，增强草原生态保护意识，提高草原保护水平。

2005 年我国颁布的《国务院关于落实科学发展观加强环境保护的决定》明确提出："要完善生态补偿政策，尽快建立生态补偿机制，中央和地方财政转移支付应考虑生态补偿因素，国家和地方可分别开展生态补偿试点"。《国务院关于促进畜牧业持续健康发展的意见》（国发〔2007〕34 号）中明确提出要"探索建立草原生态补偿机制"。这表明，我国较早就重视建立生态补偿机制工作。建立生态补偿机制已成为社会广泛关注的热点问题，它不仅是解决日益严峻的生态环境问题的有效手段和完善环境保护政策体系的重要内容，而且也是调整相关主体间的利益、协调地区发展、促进社会公平的重要措施。

草原是一种特殊的公共物品。长期以来,草原牧区向非牧区输出畜产品、药材、矿产等资源,支持非牧区的生产建设。草原还具有重要的环境价值,在调节气候、保持水土、涵养水源、防风固沙以及维护生物多样性等方面发挥着重要作用,草原一旦退化,影响的就不仅仅是局部区域的环境。牧民利益不应当为了大局的公共利益而受到损失。国家应该对受损部分给予补偿,帮助他们提高牧业效益,开辟牧业以外的出路,使他们的生活水平不断提高。在当前形势下,建立西藏草原生态补偿长效机制不仅势在必行,而且已经迫在眉睫了。补偿的内容包括:①对保护和建设草原的行为给予补偿,包括建设人工草地和改良草地,建设节水灌溉配套设施、围栏建设、退牧还草、草原鼠虫害防治、封沙育草、草原防火、生态监测等;②对因保护草原生态环境,经济发展活动受到限制的行为给予补偿,包括禁牧休牧补偿、草畜平衡补偿、牲畜出栏补偿和生态移民补偿;③重要的生态功能区进行保护投入,如草原自然保护区、防风固沙区的建设。对不同区域的草原,根据环境现状、发展方向、资源条件,制定不同的生态补偿的内容和不同的补偿标准。在不同的区域,针对不同类型草原的实际情况,制定草原生态补偿的具体方案。

藏北草地生态补偿要以保护草地生态为重,以建设和恢复正在发生的、重度退化草原为主,科学制定退牧、休牧区域、明确补偿对象、确定补偿标准。科学评估草原环境治理与生态恢复的直接和间接成本,根据国家政策及当地实际情况,研究制定合理的生态补偿标准。加强有关科学研究,为生态补偿提供技术支撑。要以草场理论载畜量为基数,并考虑气候变化等因素的影响,提出给各个县的减畜指标,以草定畜,减畜还草。根据退牧草场面积和草场优劣分别核定草场单位面积畜产品的价值,提出具体的补偿标准,依据各地草地恢复周期和牧民转移所需过程,提出生态补偿的时限。

3. 完善草原保护制度

在《中华人民共和国草原法》和《国务院关于加强草原保护与建设的若干意见》(国发〔2002〕319 号)的有关规定中所谓的基本草原保护制度,就是把人工草地、改良草地、重要放牧场、割草地及草地自然保护区等具有特殊生态作用的草地划定为基本草地,实行严格的保护制度,禁止任何单位和个人擅自征用、占用基本草地或改变其用途。该规定要求各级政府要加快基本草原划定工作,对基本草原实行特殊保护政策,加强监督管理职责。

藏北地区有些地方政府为促进经济发展,吸引外来资金,给企业提供优惠条件,以招商引资为名征用草原、乱占滥用草原的现象很普遍。因矿藏开采、工程建设、旅游业开发、天然气管道铺设、地质物探等需要征用、使用、临时占用草原的现象日益增多。草原保护部门缺乏制衡经济发展的机制,也缺乏保护基本草原的必要手段。因此,如何协调好基本草原保护与经济建设之间的关系,如何实现生态效益和经济效益的同步发展显得越来越重要。各地、各有关部门要坚持草原生态保护优先的方针,按照《中华人民共和国草原法》划定基本草原的规定,确定基本草原位置、范围,划分界限、设立标志,由县级人民政府登记、确认、公布,加强管理与监督,提高保护和建设草原的能力。

藏北地区应结合实际情况,将人工草地、改良草地、防抗灾草地、接羔育幼草地和雪山、湖泊、冰川、湿地周围及江河源头具有重要水源涵养功能的草地全部划为基本保护草原。基本草原一经划定,就要坚持依据《中华人民共和国草原法》及实施细则管理和保护基本草原,要坚决守住"基本草原"这条红线,坚持确保基本草原总量不减少、用途不改变、质量有提高的目标,任何单位和个人不得随意改变或占用基本草原,将基本草原保护工作纳入政府领导任期目标考核的内容,签订责任书;基本草原划定后,由县级人民政府予以公告,并设立保护标志。

4. 落实草原承包责任制,制定保护建设鼓励政策

草原保护和建设成败的关键在于真正落实草原承包责任制,必须把草原承包经营责任制的落实作为草原保护建设工作的首要任务。只有明确草原使用者的责、权、利,才能调动牧民发展牧业生产、保护和建设草原的积极性。

为确保草地畜牧业的可持续发展,藏北那曲地区不断深化和完善草场承包经营责任制,进一步明确草场的"责、权、利",激活"人、草、畜"三大要素,改善草原生态环境,并取得显著成效。那曲地区从 1999 年实行草原承包责任制,制定完善了《那曲地区进一步完善落实草原家庭承包责任制实施细则(暂行)》《那曲地区草畜平衡管理暂行办法》《那曲地区草原承包经营权流转暂行办法》和《那曲地区草场承包检查验收暂行办法》等办法,并加强了宣传教育工作。2010 年,那曲地区现辖 11 个县(区)中,8 个县(区)的草场承包到户工作已全面通过自治区级验收(包括 2006 年通过自治区级验收的申扎县、班戈县、双湖区),为该地区草原生态保护补助奖励机制工作的全面推进奠定了坚实基础。在落实和完善草场承包经营责任制工作中,那曲地区采取多种措施,落实和完善草场承包工作。

由于牧民受长期"放牧无界"观念和没有科学规范的草地资本运作机制等因素的影响,那曲地区草场承包不彻底、不完善,草场承包的效益没有得到充分体现。要稳和完善草场承包制,必须采取具体切实可行的措施。明确承包草原界限是做好草原承包工作的根本问题。明确承包草原的界限,要界定承包草原的位置、面积及对所承包草原的责任和权利。要因地制宜、分类指导、协调水源、草原等级的优劣等牧民关心的问题。在落实草原承包责任制过程中,不搞照搬照抄和"一刀切"的做法,而是坚持从整体考虑,按照"因地制宜、分类指导"的原则,从牧民群众的实际情况和根本利益为出发点创造性地开展工作,推进草原承包到户工作的整体进程。

5. 大力加强草原监督管理体系建设

草原监督管理是草原保护与建设工作的重要组成部分,草原监督机构和其主管部门是依法保护草原的主要力量。草原监督管理机构肩负着保护草原资源和生态环境、维护农牧民合法权益、为草原畜牧业和牧区社会经济健康发展保驾护航的重大历史使命。藏北地区目前草原监督管理体系建设与草原管理职责存在严重的不匹配问题:机构不健全、经费不足、队伍力量薄弱、设施装备落后。由于经费不足,人员不够、装备落后,有些案件不能及时到达现场,失去了查处案件的有利时机,使有些恶性案件不能及时得到调查处理。非法征占用草原、非法开垦草原、乱采滥挖草原、机动车辆行使、未经合法程序批准临时占用草原、买卖或者以其他形式非法转让草原等各种违法行为也时有发生。为此要按照配置合理、职能明确、运转高效、服务到位的原则,合理设置职能部门和工作岗位,明确各部门各岗位的职责权限加强草原行政监督管理、严格执法、加强新技术运用与推广,不

断促进草原监督管理机构的建设与发展。要依据《草原法》和有关配套法规和规章制度，严厉打击各种破坏草原的违法行为，依法保护草原资源、草原建设成果和广大农牧民的合法权益。当前重点是查处乱开滥垦、乱采滥挖等人为破坏草原的案件。草原行政主管部门和草原监督管理机构要积极争取相关部门的理解和大力支持，例如，在财政预算、人员安排、计划投资、建设信息化等方面力争向草原监督管理体系建设倾斜。要按照《草原法》的规定，积极争取有关部门的支持，进一步加大草原执法体系、草原监测体系和草原防火体系的建设力度。坚持"因地制宜、分类指导、逐步规范、提高素质"的原则，进一步加快草原监督管理体制建设。积极争取地方各级政府加大对草原监理体系建设的投入。各级政府要每年安排一定数量的草原监理体系建设经费和专项工作经费，同时积极争取政府、计划、财政等部门的政策和资金支持，加强基础设施建设，改善工作条件以满足监管监察工作的需要。努力解决草原行政管理机构与草原管理职责不匹配的问题，主要草原牧区要强化和充实草原行政管理机构队伍。要不断提高草原监督检查人员的政治素质和业务素质，改善执法装备条件，增强执法监管能力。要加强草原行政主管部门、草原监督管理机构、草原技术推广部门和草原科研单位的统筹协调、密切配合、通力协作，形成草原保护建设的合力。要积极争取相关部门在政策和资金等方面向草原监督管理工作倾斜，促进草原监督管理体系建设工作的持续发展。

6. 建立草原生态保护补助奖励机制

为加强草原生态建设和保护，促进牧民增收，保障国家生态安全，加快牧区经济社会快速健康发展，在藏北地区建立草原生态保护补助奖励机制，基本达到草畜平衡，促进畜牧业发展方式的转变，逐步实现保护草原生态和牧民增收的双赢目标。在藏北地区实施禁牧补助、草畜平衡奖励，落实牧民生产性补贴，全面建立草原生态保护补助奖励机制，基本实现草畜平衡，从源头上扭转草原生态环境退化趋势，切实提高牧民增收能力，全面促进牧区经济社会和生态环境协调发展。

建立草原禁牧轮休奖励制度。根据《西藏自治区建立草原生态保护补助奖励机制实施方案》，结合那曲地区草原生态现状及已实施的退牧还草工程，将区内生态脆弱、生存环境非常恶劣，2009年、2010年生长旺季植被盖度在40%以下的可利用天然草原划为禁牧区，以工程性禁牧为主，划定禁牧面积5 638万亩。对实施禁牧的草原，埋设标识桩（已安装网围栏的不埋设），安装标识牌，禁牧时限定为5年，每年每亩补助6元。

建立以草定畜奖励机制。草畜平衡是指为保护草原生态系统良性循环，在一定区域和时间内通过草原和其他途径提供的饲草饲料总量与在草原上饲养的牲畜保持动态的平衡。草畜平衡管理是以核定草原的产草量为基础，以草定畜、增草增畜，以达到科学合理的载畜量，实现草与畜之间的动态平衡，实现草畜平衡应当坚持畜牧业发展与保护草原生态并重的原则。根据当前产草量和其他途径获取的可利用饲草饲料总量，综合考虑牧民正常生活需要等因素核定载畜量，作为草畜平衡载畜量。根据《西藏自治区建立草原生态保护补助奖励机制2011年度实施方案》，那曲地区草畜平衡载畜量为889.21万个绵羊单位，2010年那曲地区需减畜417.15万个绵羊单位，全区草畜平衡区原则上按照3∶4∶3的比例，分3年完成减畜任务，各地（市）、县可以根据本地实际情况，分别确定3年减畜比例。

7. 加快转变草原畜牧业生产方式

转变牧业生产方式,首先要转变牲畜饲养方式,逐步改变牧区完全依赖天然草原放牧的生产方式,加强对草原的保护和建设,改良天然草原,提高天然草原综合生产能力。要积极引导农牧民加强草原围栏、引水种草、人工草地、饲草料基地、牲畜棚圈、高标准配套草库伦等基础设施建设,大力推行舍饲半舍饲圈养、季节性放牧、划区轮牧等科学的生产方式;调整优化畜群结构,改良家畜品种;要充分发挥草原畜产品无污染、绿色、安全的优势,积极开拓畜产品市场,提高草原畜牧业效益;要积极引导合作经济组织和专业协会发展,提高农牧民的组织化程度,从传统的分散饲养向现代规模化、标准化和集约化方式转变。

7.5.2　草地退化治理措施

1. 大力推广草原植被恢复综合技术

大力推广草原植被恢复综合技术包括松耙、浅耕翻、补播、围栏封育。松耙大多选择根茎型或根型-疏松型草,于早春解冻时进行,松土深度以 15~20 厘米为宜。通过松耙有利于清除植物枯株或杂草,增加空气和水分的渗入,从而促进植被的更新。例如,在大针茅草地上进行松耙后,草群高度增加 25%,盖度增加 11.4%,产草增加 20% 左右,收获高峰的第三、第四年产量更高。浅耕翻宜在水分条件较好的根茎型禾本科牧草为主的草地上进行。浅耕翻后,牧草根茎增加两倍,盖度增加两倍,产草量增加 1.85 倍,一次浅耕翻效益可持续 10 年左右。同样是在不破坏或基本不破坏原有植被的条件下,在草群中播种一些有价值、能适应当地自然条件的优良牧草。补播可以增加优良牧草的成分和比重,提高牧草品质和产量。青海省在海拔 3 000 m 上的高寒草原区补播豆科沙打旺和禾本科牧草取得了很好的生态效益和经济效益。在藏北当雄、班戈等县也获得了补播成功。草地围栏,就是在牧草生长期间,为使放牧与牧草生长之间协调,把草地用一定设施围护起来,在此期间不进行放牧或割草。其目的在于给牧草提供一个休养生息的机会,使牧草储藏更多的营养物质,逐渐恢复草地生产力。围栏建设是治理草地退化、恢复草地植被、提高草地生产力的主要方法之一,是实行划区轮牧、人工种草、改良草地、调节畜草平衡的主要措施,是发展畜牧业的先进技术。由于该方法简单易行、投资少、见效快、节省劳力,成为国内外草地保护与建设的重要手段。

围栏封育可以使牧草向质好量多方向演变,提高牧草产草量;通过轮流放牧,将草场分为若干小区,依草情况轮流放牧;改良草地,划区之后,可以根据牛群数量、各区情况安排放牧时间、顺序,也可以通过人工种草使草原得到改良,因牧草丰盛,利于畜群繁衍生息,成长发育,增重育肥,提早出栏,满足生产和生活需要。

那曲地区草地面积大,自然条件严酷,大面积地开展灌溉、施肥、补播等农业技术措施进行草地改良在现阶段还难以实现。通过草地围栏建设,封育改良草地,提高牧草产量,是当前解决草畜矛盾、增强畜牧业抗灾机能的有效途径。

2. 人工草地建设

人工草地是根据牧草生物学、生态学和群落结构的特点,在牧区有计划地将部分退化草场开垦后,因地制宜地播种多年生或一年生牧草;在海拔 4 000 m 以下农区和半农半牧地区种植适应性良好的豆科牧草,从而生产优质丰富的饲草,以满足畜牧业发展的需要。

藏北那曲地区气候寒冷,牧草生育期短,冬春牧草不足。冬春草场过牧退化和饲草匮乏已严重阻碍了区域畜牧业的健康发展。因此,在高寒牧区土层较厚、人口分布较集中的地区,建立高产优质人工草地,提供枯草期补饲用的青贮和青干饲草,是缓解草畜矛盾的一个重要措施,是保证家畜安全越冬、维持畜牧业正常生产的根本途径。

人工草地地段的选择要选择地势较平坦、有水源条件且距牧民冬春营地较近的地方,便于运输和管理。人工草地建设需要耕、耙、平整地面,清理原有植被,改良草地需要浅耕带垦;购置牧草种子、种子处理、消毒、接种根瘤菌、机播或飞播;修建田间灌溉水利工程设施,购置灌溉机械设备;修建草地围栏,含边界围栏和划区轮牧围栏;购置肥料及施肥机械;购置化学除莠剂、病虫害防治药物及设施。

3. 草地鼠害防治

藏北那曲地区草地常见的啮齿类动物有高原鼠兔、喜马拉雅旱獭。鼠害的防治同其他草地有害生物防治一样,要采取综合治理的防治策略,重视生态调控,合理利用物理、化学、生物等技术方法,将害鼠种群控制在不足为害的经济水平之下。灭鼠方法很多,可分为物理学灭鼠法、化学灭鼠法、生物灭鼠法和生态学灭鼠法四大类。它们各有特点,使用时互相搭配,充分发挥各自的长处,以期获得较好的效果。物理学灭鼠方法采用简单机械的捕鼠器捕鼠,它对人和牲畜无危害。在城市和农村应用很广。但在天然草地上大面积灭鼠时应用不多。化学灭鼠方法采用化学药剂灭鼠的方法。用于灭鼠的化学药剂一般分为杀鼠剂、绝育剂和驱避剂。生物灭鼠法利用鼠类天敌防治草地鼠害。近年来,草原鼠害防治工作日益趋向于采取综合治理措施,走保护鼠类天敌,如鹰、猫头鹰等鼠类著名的天敌,进行生物灭鼠的路子。近年又开展利用肉毒梭菌-C 型菌剂的生物灭治方法,效果十分理想,平均灭鼠效率达 95% 以上。生物灭鼠投资少、省工、省时,具有较高的推广应用价值。草原鼠害生态防治的主要措施有:以草定畜,确定适宜的载畜量,防止超载过牧;合理利用天然草地,合理分配季节牧场,采取轮牧制度;已退化的草原采取停牧封育,进行人工补播及灌溉、施肥等措施,促进植被恢复;将退化严重及因鼠害形成的寸草不生的"黑土滩"等不能再行放牧的草原区域改造成各种人工草地(如刈用型、放牧型、刈牧兼用型等);在消除鼠害的同时,结合草原的建设与改良,才能提高草原的生产力。

4. 草地虫害防治

藏北高原的虫害主要是草原毛虫。草原毛虫主要危害莎草科、禾本科、豆科、蓼科、蔷薇科等各种牧草,主要喜食小嵩草、矮生嵩草、藏北嵩草、垂穗披碱草、早熟禾、细叶苔、紫羊茅等牧草,也取食龙胆、棘豆、蒲公英、多枝黄芪的花。严重影响牧草生长,造成草原缺草,从而妨碍畜牧业的发展。草原毛虫一年发生 1 代。第 1 龄幼虫在草根下、土中的雌茧内越冬。越冬和出土越冬 1 龄幼虫有群聚习性,常数十条或上百条聚居一处。第 2 龄开始取食为害,随其虫龄增长,逐渐延长活动和取食时间,次年 4 月中下旬或 5 月上旬开始活动。幼虫龄期长达 7 个月,其余各龄期一般是 15 d。5 月下旬至 6 月上旬为 3 龄幼虫盛期。自 5 龄后进入暴食期。7 月上旬雄性幼虫开始结茧化蛹,7 月下旬雌性幼虫开始结茧化蛹,7 月底至 8 月上中旬为化蛹盛期。8 月初成虫开始羽化,8 月中下旬为羽化、交配和产卵盛期。9 月初,卵开始孵化,9 月底至 10 月中旬为孵化盛期。孵出新的 1 龄幼虫仅取食卵壳,不食害牧草,不久便开始逐渐进入越冬阶段。

草原毛虫采用药物防治,主要使用敌百虫防治,敌百虫成本低,不受幼虫龄期限制,对高龄幼虫也有较高的防治效果,喷药后 2 h,就有大批幼虫死亡;以 3 龄盛期最为适宜,一般在 5 月中旬,6～7 月上旬进行。

5. 毒草防除

藏北那曲草地上,除了可供家畜利用的饲用植物以外,还生长着家畜不可食的,而且有毒有害的植物。那曲草地毒草主要有劲直黄芪、毛瓣棘豆、冰川棘豆、高山黄花、三裂碱毛茛、狼毒等。这些有毒有害植物的生长,消耗土壤养分和水分,影响优良牧草的正常生长,降低草地质量和产量,而且当其数量多时,家畜误食后造成中毒,给畜牧业带来严重的危害。例如,阿里地区革吉县和措勤县曾因牲畜误食有毒植物中毒致死的牲畜,分别占死亡牲畜数的 50% 和 20%。

毒草的防除可采用机械防除、化学防除和生物防除。机械防除法指利用简单的工具,如镰刀、铲子、锄头、割草机把毒草除去的方法,即机械除草法。这种方法比较笨拙,并要花费大量劳力。所以,一般只用于小范围的草地。化学防除是通过化学除草剂的选择性灭杀特性,对草地中不同种类的毒草进行防除。常用的除毒草剂有 2.4-D、2.4.5-D 及 2.4-D 丁酯,那曲地区草地上使用最多,灭效较高的除毒草剂是 2.4-D 丁酯。20 世纪 90 年代在那曲试验,药效在 90% 以上。

生物防除是利用生物学方法控制杂草,利用病毒、细菌、真菌、寄生虫、昆虫、动物等的生物作用,将毒草、杂草种群消除或控制在低密度范围内的一种方法,使之不致成为灾害,从而达到防止毒草、杂草的目的。生物防除有利于避免在土壤和植物体内残留有害物质,又有利于自然界的生态平衡,尤其适用于大范围、环境特殊(如高寒草地)的区域。

在藏北有毒有害植物混生较多的地段,通过人工补播竞争力强的优良牧草,利用生物竞争消除或控制毒草、杂草。同时可以辅之以牲畜食用、践踏等方式来控制毒草、杂草的生长,如对于棘豆属植物进行生物防除时,利用牦牛对棘豆的专嗜性,在棘豆含毒量低的生长阶段适度放牧,可以防止棘豆的快速生长,达到控制生长的目的。

参 考 文 献

蔡英,李栋梁,汤懋苍,等,2003.青藏高原近 50 年来气温的年代际变化.高原气象,22(5):464-470.

陈操操,刘春兰,汪浩,等,2014.北京市能源消费碳足迹影响因素分析:基于 STIRPAT 模型和偏小二成模型.中国环境科学,34(6):1622-1632.

陈庆,周敬宣,李湘梅,等,2011.基于 STIRPAT 模型的武汉市环境影响驱动力分析.长江流域资源与环境,20(S1):100-104.

陈佐忠,汪诗平,2000.中国典型草原生态系统.北京:科学出版社.

樊江文,陈立波,2002.草地生态系统及其管理.北京:中国农业科学技术出版社.

侯成成,赵雪雁,张丽,等,2012.生态补偿对区域发展的影响:以甘南黄河水源补给区为例.自然资源学报,27(1):50-61.

焦文献,陈兴鹏,贾卓,2012.甘肃省能源碳足迹变化及影响因素分析.资源科学(3):559-565.

李明森,2000.青藏高原环境保护对策.资源科学,22(4):78-82.

林黎阳,许丽忠,2014.福建省生态足迹驱动因子分析.福建师范大学学报:自然科学版(7):96-102.

林振耀,赵昕奕,1996.青藏高原气温降水变化的空间特征.中国科学(D辑),26(4):354-358.

刘兴元,巩建锋,牟月亭,2012.青藏高原草地生态补偿博弈分析.中国草地学报,35(4):1-7.

刘兴元,尚占环,龙瑞军,2010.草地生态补偿机制与补偿方案探讨.草地学报,18(1):126-131.

刘艳中,2009.基于生态足迹的耕地战略规划环境影响评价研究.北京:中国大地出版社.

龙爱华,徐中民,王新华,等,2006.人口、富裕及技术对 2000 年中国水足迹的影响.生态学报,26(10):3358-3365.

鲁凤,徐建华,胡秀芳,等,2012.生态足迹与经济增长的定量关系及其社会经济驱动机制:以新疆为例.地理与地理信息科学,28(5):70-74.

牛涛,刘洪利,宋燕,等,2005.青藏高原气候由暖干到暖湿时期的年代际变化特征研究.应用气象学报,16(6):763-771.

牛亚菲,1999.青藏高原生态环境问题研究.地理科学进展,18(2):163-171.

钱拴,毛留喜,侯英雨,等,2007.青藏高原载畜能力及草-畜平衡状况研究.自然资源学报,22(3):389-397.

任毅,李宇,郑吉,等,2016.基于改进 STIRPAT 模型的定西市生态足迹影响因素研究.生态经济,32(1):89-93.

绍伟,蔡晓布,2008.西藏高原草地退化及其成因分析.中国水土保持科学,6(1):112-116.

王根绪,程国栋,沈永平,2002.青藏高原草地土壤有机碳库及其全球意义.冰川冻土,24(6):693-700.

王黎明,1998.区域可持续发展:基于人地关系地域系统的视角.北京:中国经济出版社.

王宗礼,孙启忠,2010.建立和完善草原保护建设长效机制.中国草地学报,32(5):5-8.

吴绍洪,尹云鹤,郑度,等,2005.青藏高原近 30 年气候变化趋势.地理学报,60(1):3-11.

肖思思,黄贤金,吴春笃,2012.江苏省生态足迹时间维度变化及其驱动因素分析:基于 PLS 方法对 STIRPAT 模型的修正.地理与地理信息科学,28(3):76-82.

杨开忠,杨咏,陈洁,2000.生态足迹分析理论与方法.地球科学进展,15(6):630-636.

杨秀海,卓嘎,边多,2009.藏西北高寒牧区气候特征及草地退化原因分析.干旱区资源与环境,23(2):113-118.

张勇,张乐勤,陈发奎,2013.基于 STIRPAT 模型的池州市生态足迹驱动机制研究.水土保持通报,33(5):260-265.

张建国,刘淑珍,李辉霞,2004.西藏那曲地区草地退化驱动力分析.资源调查与环境,25(2):116-122.

张建平,陈学华,邹学勇,等,2001.西藏自治区生态环境问题及对策.山地学报,19(1):81-86.

张永芳,张勃,郭玲霞,2008.兰州市生态足迹变化趋势及其影响因子分析.干旱区资源与环境(9):

25-29.

赵晓倩,王济民,王明利,2010. 基于草原生态保护视觉的减畜补贴. 国草地学报,32(1):6-10.

钟祥浩,2005. 国内外学术界一直关注的问题:青藏高原研究. 山地学报,23(3):257-259.

钟祥浩,刘淑珍,王小丹,等,2010. 西藏高原生态安全研究. 山地学报,28(1):1-10.

周兴民,王启基,1993. 高寒草地资源调控策略与持续发展与生态学. 北京:中国科学技术出版社.

邹学勇,董光荣,李森,等,2003. 西藏荒漠化及其防治战略. 自然灾害学报,12(1):17-24.

Brantley L,2013. Impact of population,age structure,and urbanization on carbon emissions/energy consumption:evidence from macro-level,cross-country analyses. Population & Environment,35(3):286-304.

Dietz T,Rosa E A,1997. Effects of population and affluence on CO_2 emissions. Proceedings of the National Academy of Sciences(94):175-179.

Phctkeo P,Shinji K,2010. Does urbanization lead to less energy use and lower CO_2,emissions? A cross-country analysis. Ecological Economics,70(2):434-444.

Potter C S,Randerson J T,Field C B,et al,1993. Terrestrial ecosystem production:A process model based on global satellite and surface data. Global Biogeochemical Cycles,7(4):811-841.

Wackemagel M,Moran D,White S,et al,2006. Ecological footprint accounts for advancing sustainability:Measuring human demands on nature//. Philip L. Sustainable development indicators in ecological economics. Massachusetts:Edward Elgar Publishing Incorporated:247-267.

York R,Rosa E A,Dietz T,2003. STIRPAT,IPAT,and IMPACT:analytic tools for unpacking the driving forces of environmental impacts. Ecological Economics,46(3):351-365.